电路基础与实践

曹振东　谢志平◎主　编
戴鸿基　肖　建　曾伟业◎副主编
王为民◎主　审
苏公雨◎副主审

電子工業出版社
Publishing House of Electronics Industry
北京 · BEIJING

内 容 简 介

本书从电路基础概念出发，结合测量、调试、记录、计算等实用工程技能，以理论配合实践的方式，着重培养学生的实际应用和操作能力。为兼顾知识的完整性与逻辑性，本书在内容上涵盖了欧姆定律、基尔霍夫定律、功率、戴维南定理、电容与电感、交流信号等电工电子所需掌握的必要概念。

遵循以职业技能培养为导向的原则，本书在一定程度上弱化了数学与理论推导的内容，取而代之的是大量由浅入深的随堂实验和实操环节，鼓励学生通过动手来实现对知识的主动探索。本书中所有实验都可以通过便携式仪器快速搭建电路并调试，真正解决了学生学习过程中普遍存在的“理论与实践脱节”的痛点。

本书可作为职业技术院校电子信息或电工电子类专业“电路基础”课程的实验指导教材，也适合电子制造和维修的技术人员、工程师及初学者使用。

图书在版编目（CIP）数据

电路基础与实践 / 曹振东，谢志平主编. —北京：电子工业出版社，2022.10

ISBN 978-7-121-43925-4

Ⅰ. ①电… Ⅱ. ①曹… ②谢… Ⅲ. ①电路理论－职业教育－教材 Ⅳ. ①TM13

中国版本图书馆 CIP 数据核字（2022）第 117513 号

责任编辑：白 楠　　特约编辑：王 纲
印　　刷：北京虎彩文化传播有限公司
装　　订：北京虎彩文化传播有限公司
出版发行：电子工业出版社
　　　　　北京市海淀区万寿路 173 信箱　邮编　100036
开　　本：787×1 092　1/16　印张：10.75　字数：275.2 千字
版　　次：2022 年 10 月第 1 版
印　　次：2024 年 1 月第 2 次印刷
定　　价：49.00 元

凡所购买电子工业出版社图书有缺损问题，请向购买书店调换。若书店售缺，请与本社发行部联系，联系及邮购电话：（010）88254888，88258888。

质量投诉请发邮件至 zlts@phei.com.cn，盗版侵权举报请发邮件至 dbqq@phei.com.cn。

本书咨询联系方式：（010）88254592，bain@phei.com.cn。

前言

PREFACE

为适应职业技术教育人才培养的需要，本书通过“任务驱动式”教学模式来构建职业院校、技师学院电子技术专业的知识和技能体系。同时，本书借鉴了世界技能大赛的相关专业内容、标准和行业规范。

为了将抽象、晦涩的电子技术知识转化成可读性强、容易理解和掌握的实践技能，本书结合企业岗位实际需求，对数字电子技术知识进行了梳理和编排，全书包含 20 个典型实验项目。每个实验项目均配有迷你实验板，通过典型、实用的操作项目和电路实践的形式，使学生对电路建立感观认识，学会对理论知识进行实践和验证，从而获得相应的专业知识和技能。

本书可作为职业院校、技师学院电子类专业的教学用书和国家电子类职业技能认证的岗位培训教材。本书配有电子教学参考资料包，包括 PPT、习题答案、视频等，读者可从电子工业出版社华信教育资源网免费下载。

本书中所使用的实验设备，如面包板电源、万用表、多功能调试助手等设备均为独立供电的小巧便携设备，可辅助学生随时随地完成实验中所需的供电、测量、调试等关键步骤。将本书与便携式实验设备结合，不仅可以有效强化电子工程领域的实践与动手环节，其低门槛与便捷程度更是可以将该模式进行普及化推广。相关硬件及配套设备的获得方式可以按如下联系方式进行咨询：吴志军，（0512）67862536，zhijun@stepfpga.com。

本书由苏州思得普信息科技有限公司曹振东、广东省技师学院谢志平任主编，苏州硬禾信息科技有限公司戴鸿基、南京邮电大学肖建、广东省技师学院曾伟业任副主编，广东省技师学院刘小娴、刘岚、邱吉锋、张国良，湖南省郴州技师学院徐湘和，苏州思得普信息科技有限公司邹俊建参编，广东省技师学院王为民任主审，苏州硬禾信息科技有限公司苏公雨任副主审。本书还得到了李田、陈苏武、邓文灿、黄鑫、李杰、肖建章、李永忠、袁建军、韦清、刘建芬、刘泽龙、黄宝鹏、陈嘉毅、李姿利等的大力协助和支持，在此一并表示衷心感谢！

由于编者水平有限，书中难免存在疏漏之处，敬请广大读者批评指正。

编 者

CONTENTS 目录

姓名：

日期：

课程：

指导老师：

项目 1

元器件实验基础

目标

（1）了解电流与电压的基本概念。

（2）了解电阻与滑动变阻器的基本概念。

（3）学习如何正确使用面包板。

概览

欢迎大家使用本书，本部分是实验基础部分，将介绍面包板和一些基础电子元器件的工作原理，以及利用电阻色环估测阻值的方法；除此之外，还会解释电阻额定功率在实验中的具体意义。本部分虽然理论难度不大，但对于初次接触电子实验的学生来说至关重要。

理论

1. 电流与电压

电压描述了推动电力的“压力”。电压的单位为伏特（V）。过高的电压会导致过多的电流流向设备，对设备造成损坏。过低的电压也会出现问题，它会影响电路运行，让设备无法正常工作。

电压的大小描述了“使电流流动的能力”。读者可能很难想象电压到底是什么，因为无法直接用眼睛观察到。为了方便理解，可以将电压视为管道中的水的压力，如图 1.1 所示。

当有更高的电压（压力）时，就会有更强的电流流动。电压可以在没有电流的情况下存在，但是没有电压就没有电流。

图 1.1　水压

电压的差值通常称为电位差，如图 1.2 所示，当电子经导线流过电池时，它们的势能会增加，但当它们流过灯泡时，它们的势能会减少，这种能量将以光和热的形式离开电路。那什么是电流呢？电子的定向移动称为电流。它由带负电荷的电子通过电路中的导体从一个原子到另一个原子的流动形成。而引起电子流动的外力正是电压。

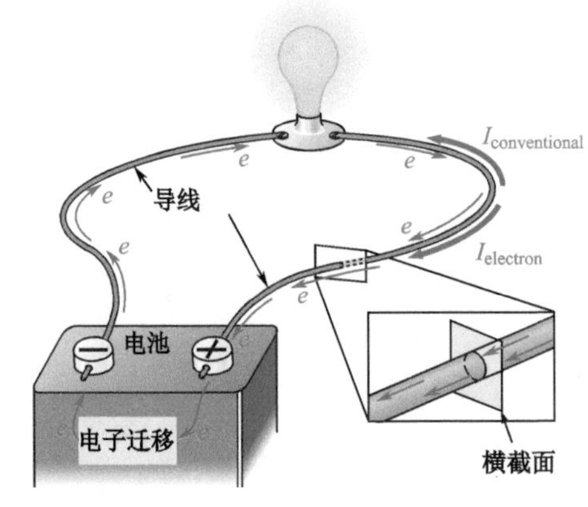

图 1.2　电位差

2. 实验中电流与电压的测量

读者在今后的学习、工作中最重要、最基本的操作就是通过测量电流及电压来检查操作是否正确、排除电路故障。电流表用于测量电流，电压表用来测量两点之间的电压。在电子行业中，电压的测量频率比电流更高，主要是因为测量电压不会对电路产生干扰。

使用万用表测量电压，连接正极和负极测试引线并选择电压测量范围，如图 1.3（a）所示，然后将引线与要测量的电路的两端接触。使用模拟测试仪时，建议从最大的电压测量范围开始。如果仪器没有响应，可以尝试逐渐缩小测量范围，直到找到可以测量电路电压的范围为止。

电流表的连接如图 1.3（b）所示。因为电流表测量电子流动的速率，所以电流表必须放置在电路中电子流过的位置。唯一的方法就是断开要测量电流的路径，并接入电流表。电压源引线（+）必须断开，接电流表+端，这样的话电流表读数就是正的。

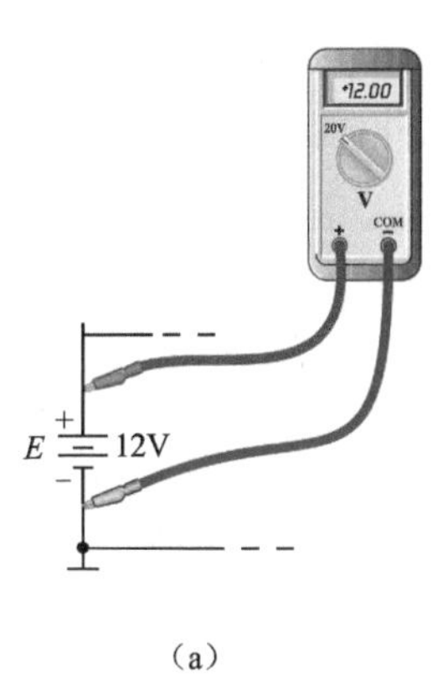

(a)

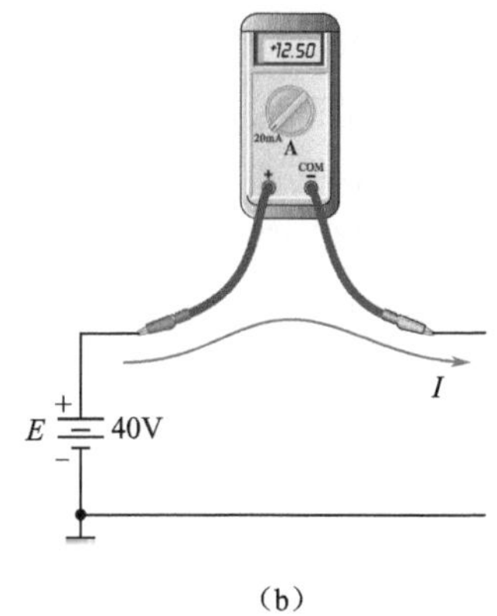

(b)

图 1.3　测量电压与电流

有专门用于测量电流或电压的仪器，但最常见的是数字式万用表，如图 1.4 所示，它可以测量电压、电流和电阻，可以通过表上的拨码转盘选中需要测量的类型和精度。有些数字式万用表甚至可以测量电容或者温度。

图 1.4　数字式万用表

3. 电阻

下面介绍电子电路中非常重要的元件——电阻。电阻有两个端口，电阻的衡量标准是阻值（单位为欧姆，用符号 Ω 表示）。电阻的阻值表示导体对电流的阻碍作用。阻值越大，表示导体对电流的阻碍作用越大。不同的导体，其阻值一般不同。电阻是电子电路中使用最多的元件。电阻都有额定功率，功率的单位是瓦特（符号是 W）。电阻有两种形式：固定电阻和可变电阻。最常见的低瓦数固定电阻是图 1.5（a）所示的薄膜电阻。

薄膜电阻是在陶瓷棒上沉积一层薄薄的电阻材料（通常是碳膜、金属膜或金属氧化膜）所形成的。碳膜电阻具有米色的主体和较低的额定功率。金属膜电阻通常采用更深的颜色，如砖红色或深绿色，功率更高。而金属氧化膜电阻通常采用较柔和的颜色，如图 1.5（b）所示。

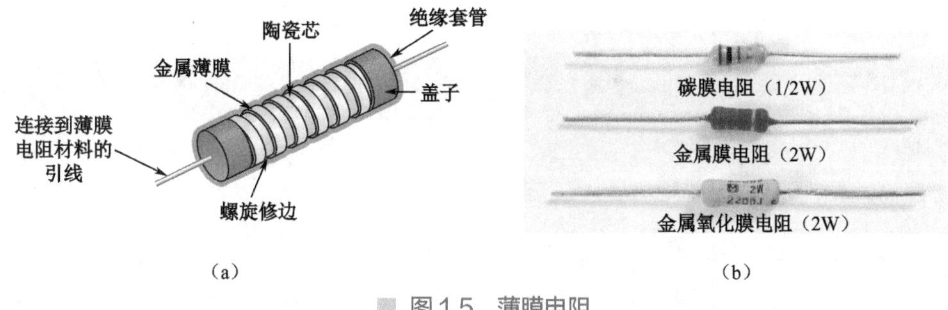

图 1.5　薄膜电阻

项目 5 将详细介绍功率的概念，在这里知道增大额定功率通常能够处理更大的电流和温度即可。如图 1.6 所示，图中电阻的阻值均为 1MΩ，所以可以得出结论：**电阻个头的大小并不能代表电阻阻值的大小，但可以用来判断电阻的额定功率。**在本书大部分项目中，除了在项目 5 中使用额定功率为 3W 的电阻，其余均使用额定功率为 1/4W 的电阻。从安全角度考虑，在实际操作中通常会使电阻在其额定功率之下运行。在本书项目中，所有电路所消耗的实际功率都确保在额定功率的 50%以内。因此，应当逐渐培养一个好习惯：设计能量消耗电路时要特别留意电阻的功率。

还要注意区分电阻阻值的标准值和测量值。

标准值：理想阻值，不考虑误差、温度等因素。

测量值：使用特定仪器测量的实际阻值。

1）通过电阻的色环来确定标定阻值

本项目中所采用的电阻均为直插类电阻，可以直接插入面包板使用。在第一次使用电阻时，会注意到电阻上环绕着小的色带，即电阻的色环（图 1.7）。

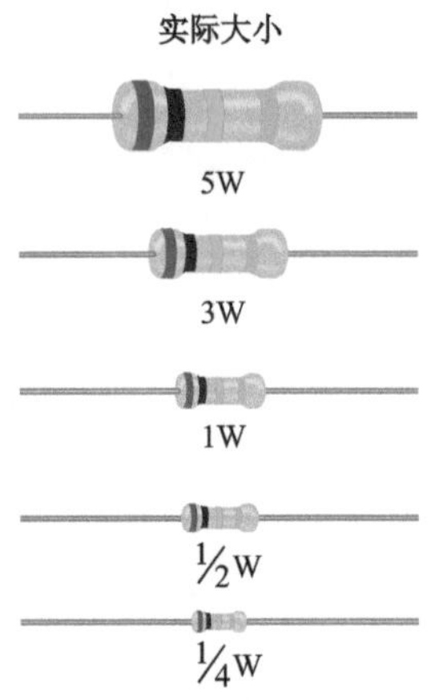

图 1.6　不同额定功率的金属氧化膜电阻

图 1.7　电阻的色环

对于有 4 条色环的电阻，其格式为：数值、数值、倍乘数、误差。

对于有 5 条色环的电阻，其格式为：数值、数值、数值、倍乘数、误差。

有一个便于记忆的小技巧：电阻的最后两个色环代表倍乘数和误差。电阻的颜色数值查阅表见表 1.1。

表 1.1　电阻的颜色数值查阅表

颜　色	数　值	倍乘数	误　差
黑	0	$\times10^{0}$	
棕	1	$\times10^{1}$	±1%
红	2	$\times10^{2}$	±2%
橙	3	$\times10^{3}$	
黄	4	$\times10^{4}$	
绿	5	$\times10^{5}$	±0.5%
蓝	6	$\times10^{6}$	±0.25%
紫	7	$\times10^{7}$	±0.10%
灰	8	$\times10^{8}$	±0.05%
白	9	$\times10^{9}$	
金		$\times10^{-1}$	±5%
银		$\times10^{-2}$	±10%

如图 1.8 所示的四环电阻，其色环从左至右依次为蓝、灰、橙、金，根据该色环序列，可以辨别出该电阻的标定阻值是 $68\times10^{3}\Omega$ ±5%或者 68kΩ±5%，这个误差范围说明测量的阻值应该在 64.6kΩ 与 71.4kΩ 之间。

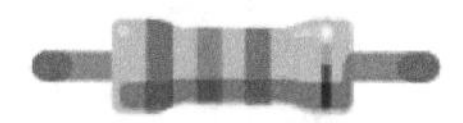

图 1.8　四环电阻

2）可变电阻

可变电阻，顾名思义，就是可以通过转动刻度盘、旋钮、螺钉来改变电阻的阻值。它可以有两个或三个端口。可变电阻在不同的应用场合有不同的叫法，如果用于电阻的测量，通常称为变阻器；如果用于控制电位（电压），通常称为电位器。它的表示方式有很多种，如图 1.9 所示。

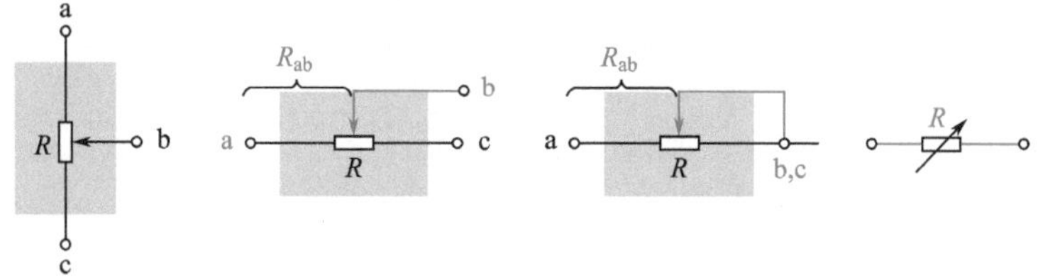

图 1.9　可变电阻

如何改变阻值呢？比较常用的方法是转动中央的旋钮，如图 1.10（a）所示，其内部结构如图 1.10（b）所示。

如果此时连接 a 和 b，那测量的就是这一段的阻值。如果连接的是 b 和 c，测量的就是 bc 段的阻值。图 1.10（c）中外部端口 a 和 c 之间的阻值为定值，即最大值。

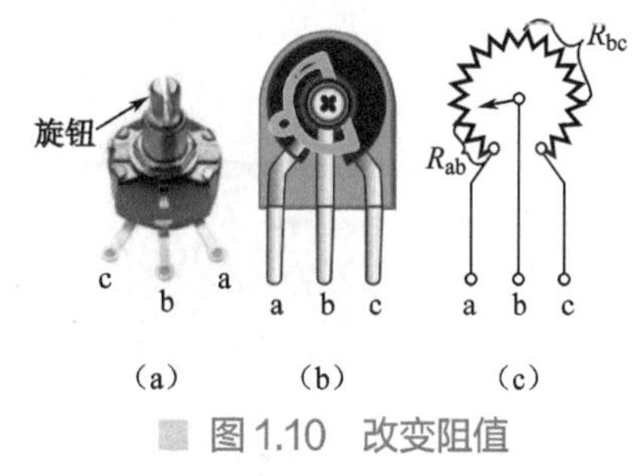

图 1.10　改变阻值

在项目中，如图 1.11 所示，旋转臂被放置在 a 到 c 上方 1/4 处。a 和 b 之间的阻值是最大值的 1/4，并且 b 和 c 之间的阻值是最大值的 3/4。

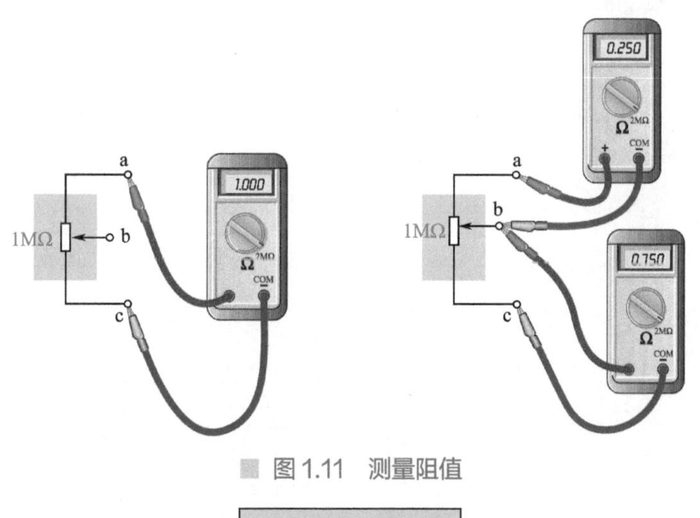

图 1.11　测量阻值

$$R_{ac}=R_{ab}+R_{bc}$$

4. 面包板基础知识

如图 1.12 所示是一个标准的 820 孔面包板布局，对于建立基本电子电路来说，面包板是一种便捷且常用的工具。面包板的特点是可以重复使用，并且不需要焊接，所以非常适合电子电路的初学者使用。

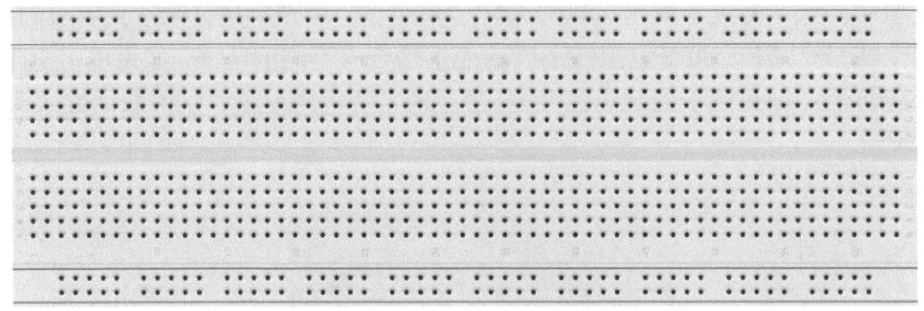

图 1.12　820 孔面包板布局

面包板的板面下排布着金属条，这些金属条与面板上的孔相连接，其内部连接如图 1.13 所示。只要简单地将引线插入孔内，就能完成所需的电路。在图 1.13 中，带有连线的孔是电气相连的，因此它们的电势（电压）也是相等的，正如图中绿线所标记的；而没有连接的孔是绝缘的，图中红色标记代表孔之间并不相互导通。

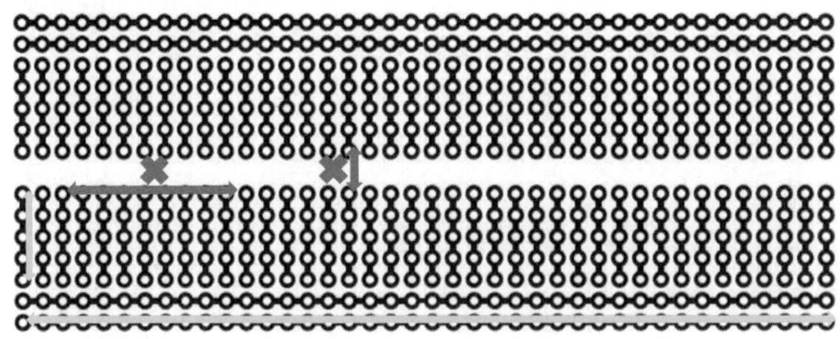

图 1.13　面包板的内部连接

以图 1.14 为例进行说明，绿色电线形成了回路，而红色电线无法形成一个回路，因为有四个开路点。

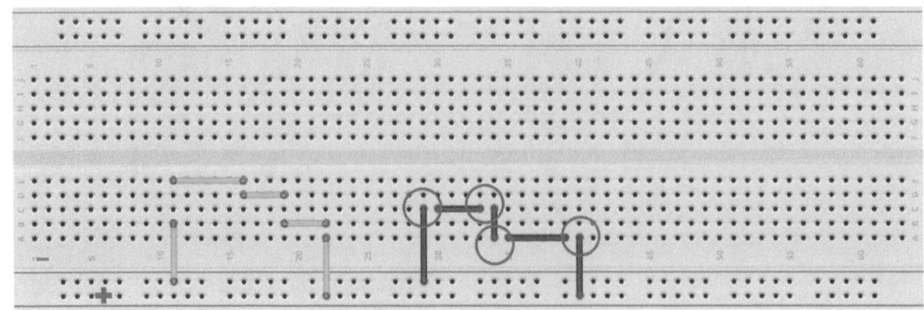

图 1.14　连接示意图

（1）如图 1.15 所示，通过色环求出电阻的阻值。

R_1

R_2

R_3

图 1.15 练习图 1

R_1	R_2	R_3

（2）如图 1.16（a）所示，将数字式万用表设置为电阻测量模式，并测量出电阻阻值。要注意的是，任何工程测量都存在误差，可以通过仪表参数进行计算。

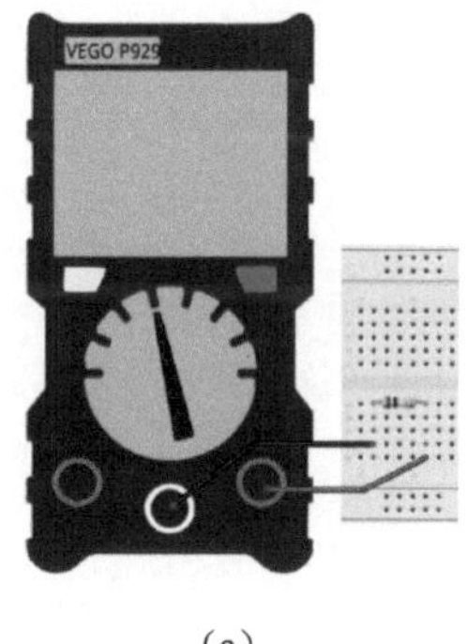

（a）

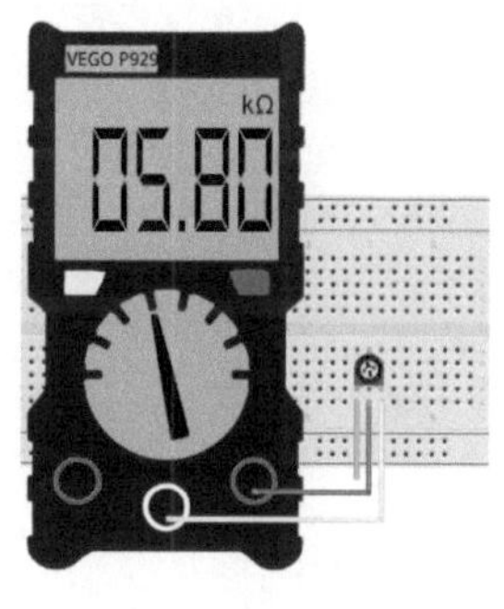

（b）

图 1.16 练习图 2

（3）如图 1.16（b）所示，仔细观察图中的信息，已知滑动变阻器的阻值是 0～10kΩ，那么绿线和蓝线之间的电阻阻值为多少？你是怎么知道的？

元件参考表见表 1.2。

表 1.2 元件参考表

名 称	符 号	实 物
电阻		
电容		
电感		

续表

名　称	符　号	实　物
可变电阻	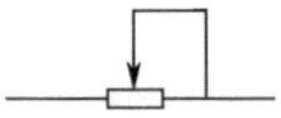	
开关	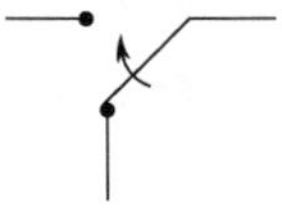	

项目 2

姓名：________

日期：________

课程：________

指导老师：________

欧姆定律

目标

（1）了解直流电源供应器，学会设置输出电压。

（2）能在面包板上组建电路。

（3）能用数字式万用表测量直流电路中的电压和电流。

（4）验证欧姆定律。

（5）确定电流-电压曲线的斜率。

设备需求

仪　器	元　件	工　具
面包板电源 数字式万用表	1kΩ 电阻（1/4W）×1	面包板 导线 剥线钳

设备检查

小组成员检查上述仪器是否准备完毕，记录所使用仪器的型号（若无法确定可询问指导老师），并记录实验小组的编号。

设　备	型　号	实 验 小 组
面包板电源 数字式万用表		

理论

如图 2.1 所示，水阀通过水管连接到水箱。可将水管中的水流视为电流，将水箱里的水所产生的压力视为电压，阻力主要取决于水管的直径。打开水阀时，水流如同电流一样流过水管。一个小直径的水管会限制水流的速度，就像细导线有高电阻，可以限制电流。

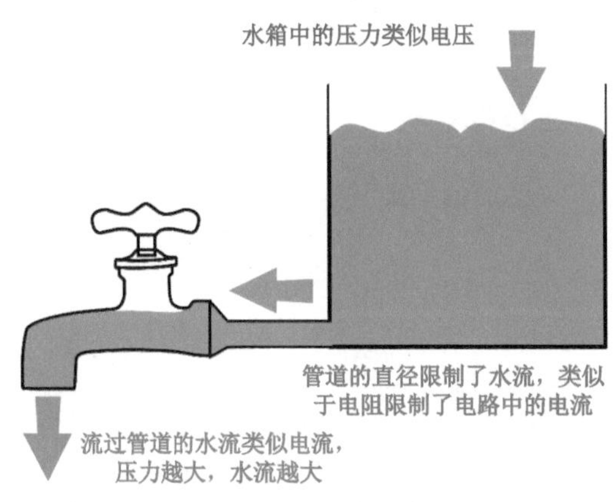

图 2.1　水流示意图

总而言之，电路中无电压，就好比水箱中没有压力，从而导致系统没有反应，没有任何电流产生，只有施加电压时电流才会产生。所以电流是对施加电压的反应，而不是使系统运行的因素。水箱中的压力越大，水流过水管的速度就越快。与之类似，越高的电压会导致越大的电流。总结得出以下公式：

$$\text{电流}=\frac{\text{电压}}{\text{电阻}} \rightarrow I=\frac{V}{R}$$

这就是欧姆定律。对于固定电阻，电阻两端的电压越大，电流越大；在相同的电压下，电阻越大，电流越小。换句话说，电流与施加的电压成正比，与电阻成反比。

所以通过基本公式可推导出求电压和电阻的公式：

$$V=IR \rightarrow R=\frac{V}{I}$$

如图 2.2 所示，电池直接和电阻连接，电阻两端的电压 V_R 等于电源电压。应用欧姆定律，得到

$$I=\frac{V_R}{R}=\frac{V}{R}$$

注意，在图 2.2 中，电流从电源正极流出，从电源负极流入，这就是单电源电路的特点。

在任何电路中，通过一个电阻的电流将定义电阻两端电压的极性及方向，如图 2.3 所

示。电流方向确定的极性在接下来的分析中会变得越来越重要。

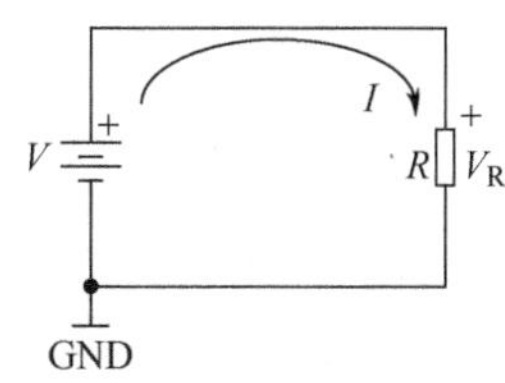

图 2.2　电池连接电阻

图 2.3　电阻两端电压的极性及方向

例 2.1　把一个 30Ω 电阻放入一个 6V 供电的电路中，产生的电流是多少？

解：$I=\dfrac{V_{\mathrm{R}}}{R}=\dfrac{V}{R}=\dfrac{6\mathrm{V}}{30\Omega}=0.2\mathrm{A}$

例 2.2　计算施加在 80Ω 电阻两端的电压，有 1.5A 的电流流过这个电阻。

解：$V_{\mathrm{R}}=IR=1.5\mathrm{A}\times 80\Omega=120\mathrm{V}$

例 2.3　一个电阻放入一个 6V 供电的电路中，流过电阻的电流为 0.3A，如果这个电路中的电阻阻值减半，电流会是多少？

解：根据已知条件可以算出

$$R=\frac{V}{I}=\frac{6\mathrm{V}}{0.3\mathrm{A}}=20\Omega$$

$$I=\frac{V_{\mathrm{R}}}{R}=\frac{6\mathrm{V}}{10\Omega}=0.6\mathrm{A}$$

概览

下面将通过实验的方法验证欧姆定律。如图 2.4（a）所示为测量电阻两端电压，如图 2.4（b）所示为测量电阻中的电流，最终通过实际测量值来计算并验证欧姆定律。

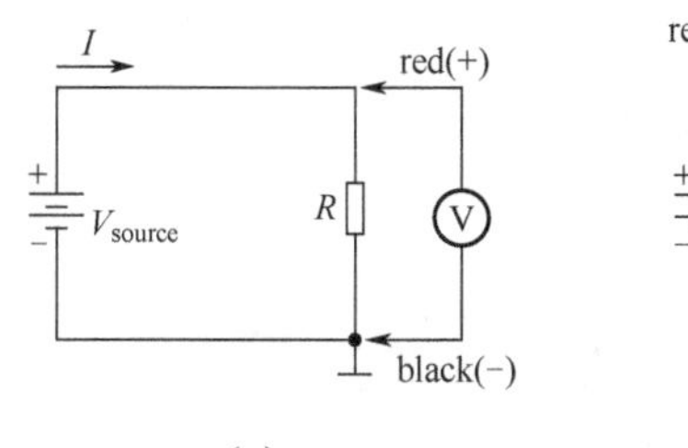

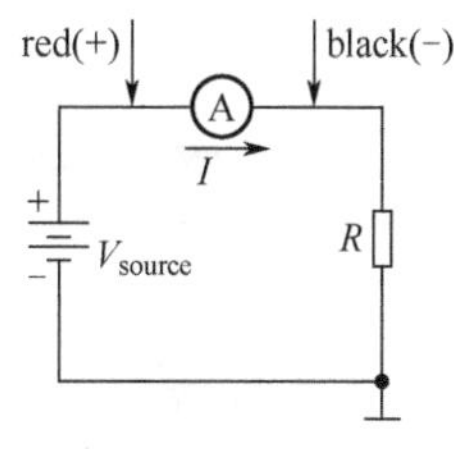

（a）　　（b）

图 2.4　验证欧姆定律

步骤

1. 电压的测量

（1）选择一个 1kΩ 的电阻，并测量它的实际阻值，将测量结果记录下来。

（2）在面包板上搭建电路，如图 2.5 所示。导线和电阻两端的金属引脚都牢固地插入洞口，以确保稳定的电气连接。

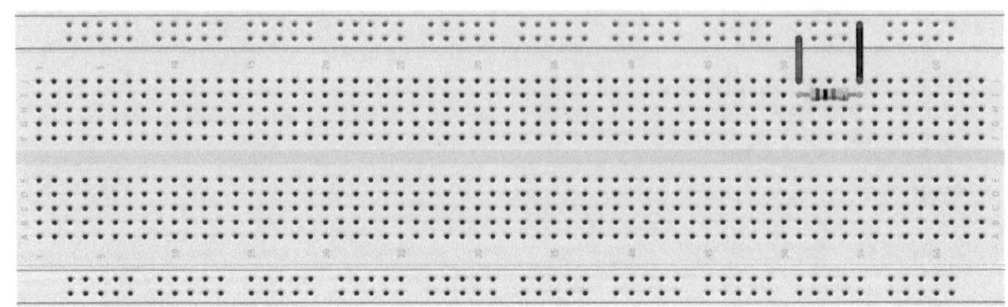

图 2.5 搭建电路

（3）打开电源，用螺丝刀将其输出电压调至 5V，此时先不将电源插入面包板中。

（4）待电压调至 5V 后，将电源插入面包板，确保电源的正极和面包板标示+的一排相连接。

（5）连接好的电路如图 2.6 所示。

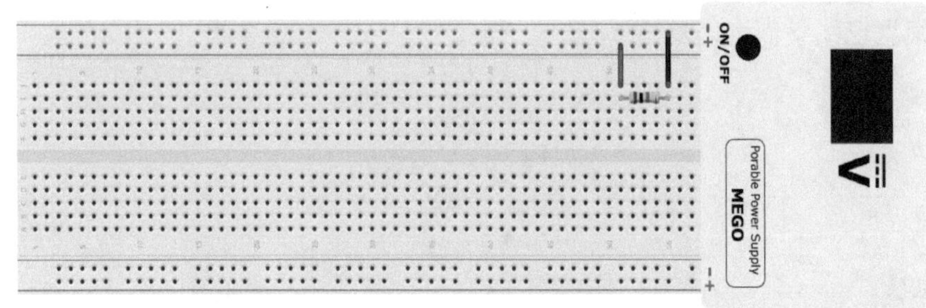

图 2.6 连接好的电路

（6）首先从测量电压开始，如图 2.7 所示，将 VEGO（数字式万用表）调成电压表模式，然后用两根电线测量 1kΩ 电阻两端的电压。注意，电压是相对的概念，因此需要用两根电线测量。

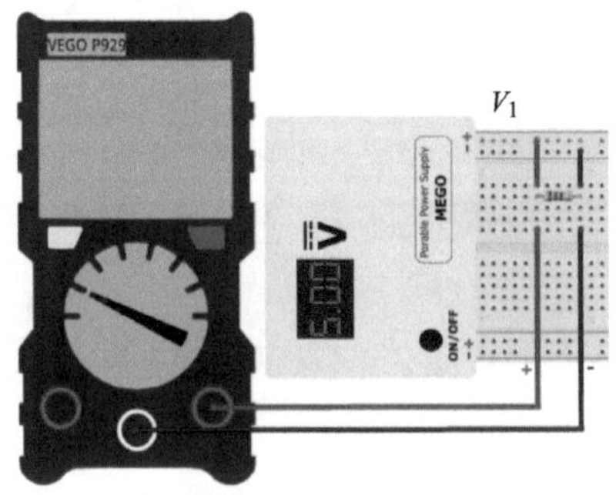

图 2.7 测量电压

（7）如果 VEGO 显示值大约为 5V，表示电路是正确的。

2. 电流的测量

（1）如图 2.8 所示，用相同的 1kΩ 电阻在面包板上连接电路。注意，需要在电阻一侧预留空间，用于将 VEGO 和电阻串联。

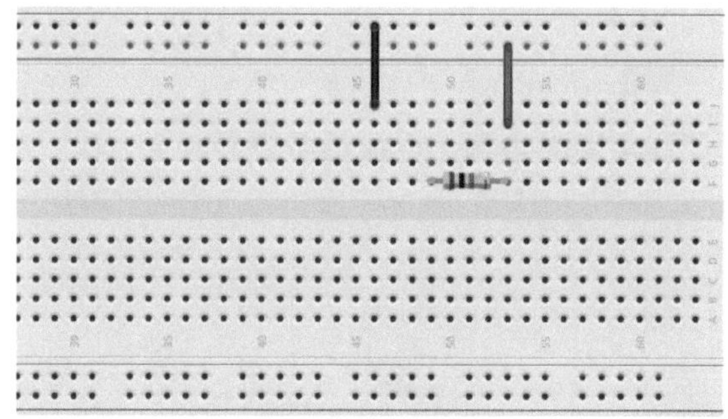

图 2.8　连接电路

（2）打开电源，用螺丝刀将其输出电压调整为 5V，然后将电源插入面包板，确保电源的极性与面包板一致。

（3）把 VEGO 调至 mA 挡位来测量电流。注意，测量电流时必须将 VEGO 串联接入电路，在操作时，其连接方法可以参考图 2.9。

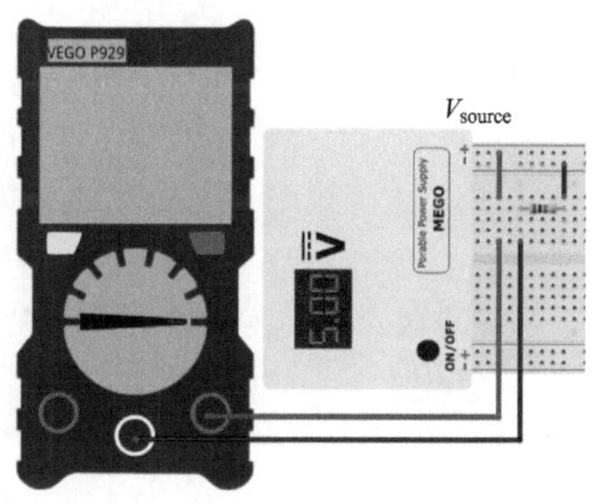

图 2.9　用 VEGO 测量电流

（4）如果 VEGO 给出了合理的电流读数，如 5mA 左右，表示电路是正确的，可以进行下一步。

（5）将 VEGO 测量出的电流值记录下来。

（6）改变电源电压，完成表 2.1。

表 2.1　记录表

R=1kΩ　　　　　R_{meas} =

	第一部分		第二部分
电源电压	V_R	$I_R=V_R/R_{meas}$	I_R [VEGO (mA)]
5V			
6V			
7V			
8V			
9V			

练习

（1）24V 电压加在 2.2kΩ 电阻两端，电流是多少？

（2）如果电阻上的电压为 12V，需要多大的阻值来得到 1.2mA 电流？

（3）如图 2.10 所示，不直接测量电阻，也不读色环，能否计算出所用电阻的阻值？

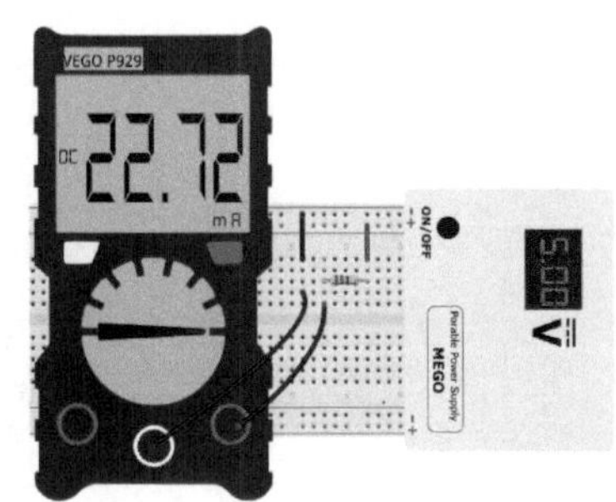

图 2.10　练习图 1

（4）表 2.1 中，第三列电流是计算得出的，第四列电流是测量得出的，两者是否足够接近？两者之间的实验误差是否可以验证欧姆定律及本实验的正确性？

（5）根据表 2.1 中的数据，在图 2.11 中绘制伏安特性图。

（6）画出电阻的电流-电压曲线，可以根据该曲线得出在不同条件下的电流或电压值。例如：I=5.6mA，可以在曲线上找出对应的 V_R 值，根据这个特点，完成表 2.2。

表 2.2　练习表 1

I_R(mA)	V_R
5.6	
1.2	
	8.3

通过电流-电压曲线的斜率可以计算阻值，其方法如下：

$$斜率=m=\frac{\Delta y}{\Delta x}=\frac{\Delta I_R}{\Delta V_R}=\frac{1}{R}$$

如果某电阻的电流-电压曲线斜率为 $0.001\Omega^{-1}$，其阻值是多少？

根据上述公式，假设电流-电压曲线的斜率为 m，如果阻值增大，那么 m 如何变化？假设某元件的电流-电压曲线几乎是平的，那么该元件是导体还是绝缘体？

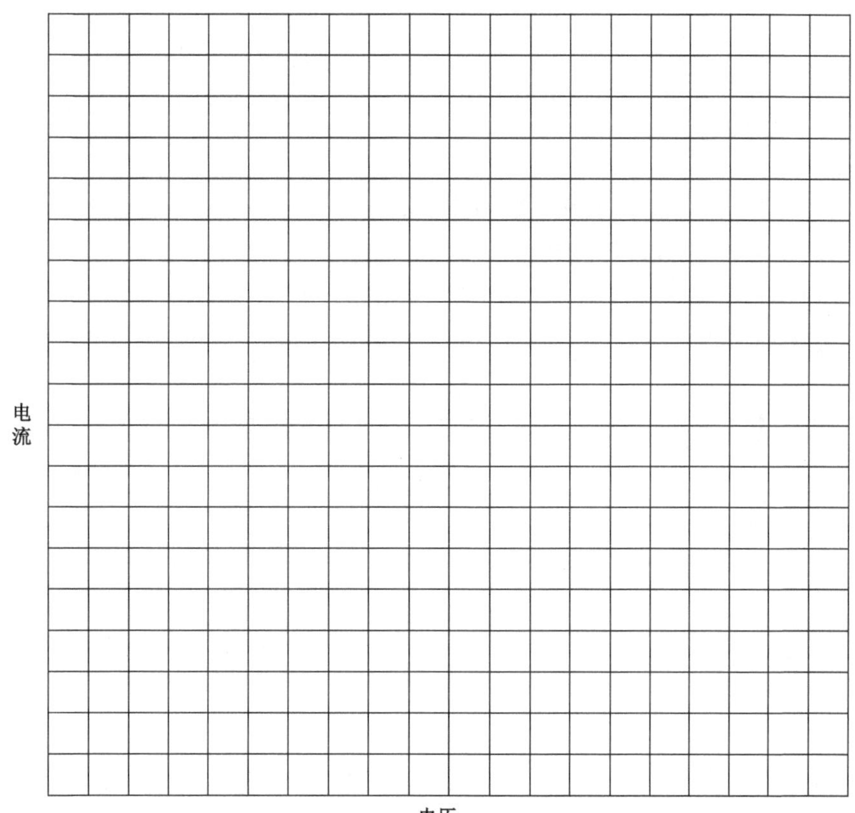

图 2.11　练习图 2

姓名：

日期：

课程：

指导老师：

串联和并联电路

目标

（1）搭建一个包含电阻串联和并联的简单电路。

（2）用测量法和计算法求等效电阻。

设备需求

仪　器	元　件	工　具
面包板电源 数字式万用表	1kΩ 电阻（1/4W）×3	面包板 导线 剥线钳

设备检查

小组成员检查上述仪器是否准备完毕，记录所使用仪器的型号（若无法确定可询问指导老师），并记录实验小组的编号。

设　备	型　号	实验小组
面包板电源 数字式万用表		

每个固定电阻只有两端要连接，所以称为两端设备。

在图 3.1 中，电阻沿着单一路径互相连接，每个连接点最多连接两个电阻，把这样连接的电路称为串联电路，连接点称为节点。**串联电路的总电阻阻值是每个电阻阻值之和。**

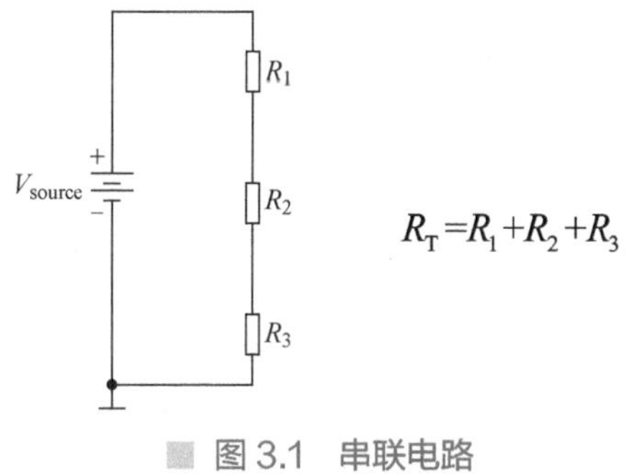

图 3.1　串联电路

如果每个电阻的阻值相同，则串联电路的总电阻阻值等于单个电阻阻值与串联电阻数的乘积：

$$R_T=NR$$

将电阻的两端分别连接于两个节点之间就形成了并联电路，如图 3.2 所示，并联电路中等效电阻的计算方法如下：

$$\frac{1}{R_T}=\frac{1}{R_1}+\frac{1}{R_2}+\frac{1}{R_3}$$

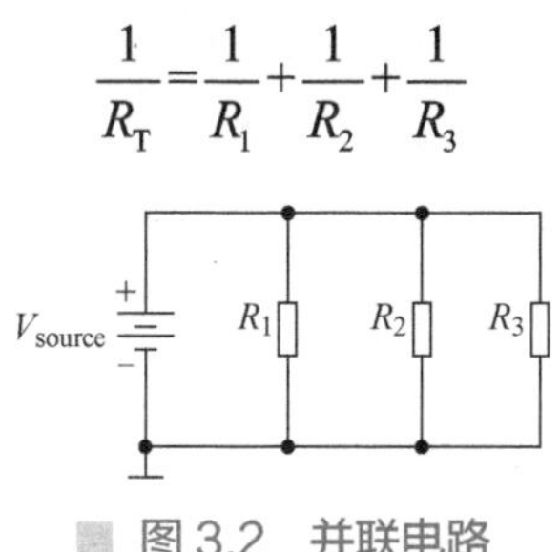

图 3.2　并联电路

如果只有两个电阻并联，并联电路中的总电阻计算公式可以简化为

$$R_T=\frac{R_1R_2}{R_1+R_2}$$

例 3.1　串联电路（图 3.3）的总电阻阻值是多少？

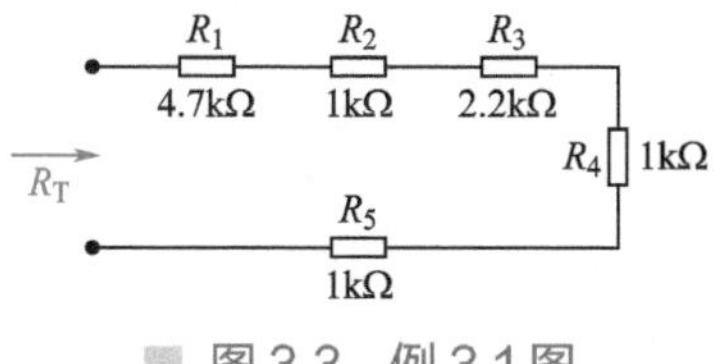

图 3.3　例 3.1 图

解：$R_T = R_1 + R_2 + R_3 + R_4 + R_5$

代入数值：

$$R_T = 9.9\text{k}\Omega$$

例 3.2　并联电路（图 3.4）的总电阻阻值是多少？

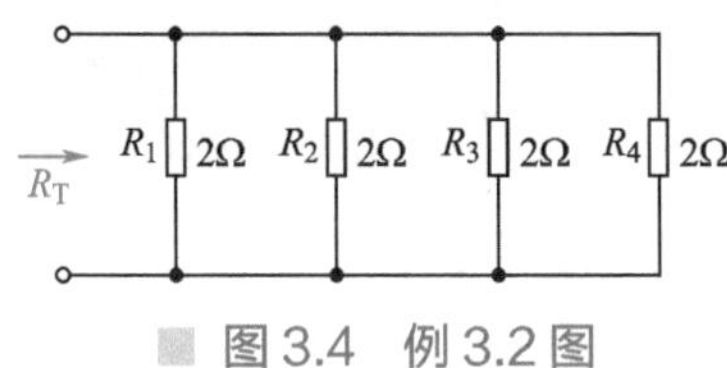

图 3.4　例 3.2 图

解：$\frac{1}{R_T} = \frac{1}{R_1} + \frac{1}{R_2} + \frac{1}{R_3} + \frac{1}{R_4}$

代入数值：

$$R_T = 0.5\Omega$$

在任一串联电路中，电路总电阻阻值不受电阻顺序的影响。因为它们都是相连的，总电阻阻值为各电阻阻值的代数和。同理，在并联电路中，各并联电阻也可以互换位置而不影响总电阻阻值的大小。

电路中电流的方向取决于电源的连接方式，这是显而易见的，在分析串联电路的电流时还须记住**串联电路中每一点的电流大小都是相同的**。如果要判断两个元件是否为串联，只需要测量通过每个元件的电流大小是否相等（图 3.5）。

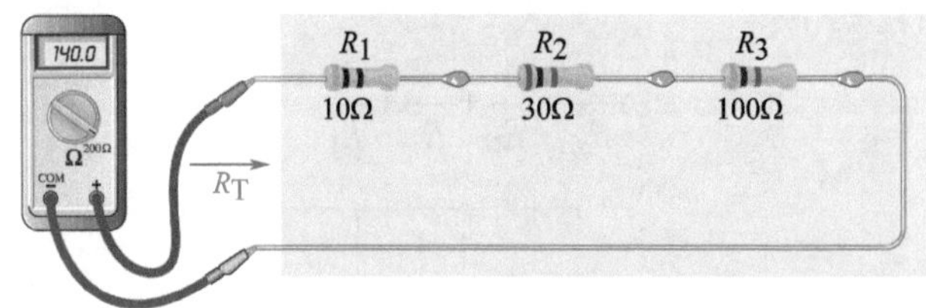

图 3.5　测量串联电路

在并联电路中，电源两端直接与元件的两端相连接，所以各并联元件的电压始终相同，这里要注意的是：**如果两个相邻元件的电压相同，并不能确定两个元件并联连接**。并联电路中总电阻阻值与总电流是成反比的，总电阻阻值越小，总电流越大（图 3.6）。**总的来说，对于并联电路，总电流等于各支路电流之和；而对于串联电路，施加的总电压等于每个元件的电压总和。**

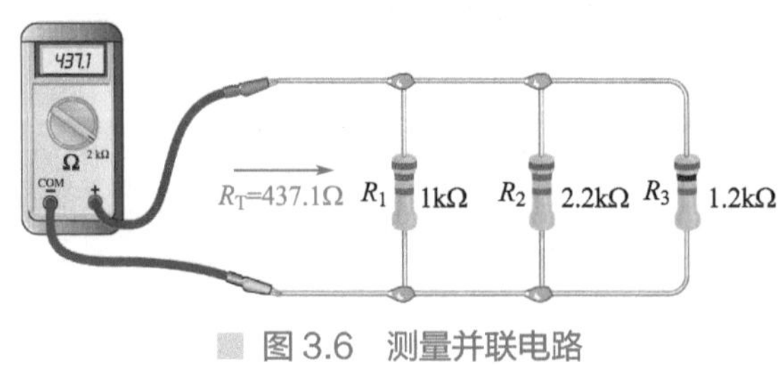

图 3.6　测量并联电路

例 3.3　试分析如图 3.7 所示的电路。

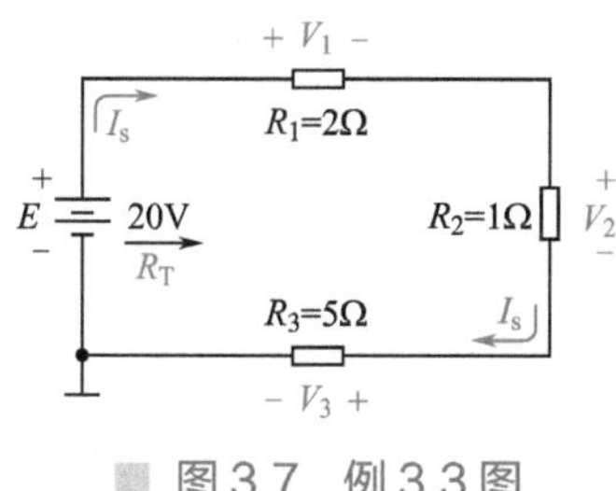

图 3.7　例 3.3 图

（1）求出电路中总电阻 R_T 的阻值。

（2）求出电路中电流 I_S 的大小。

（3）求出电路中每个电阻两端的电压。

解：

（1）$R_T = R_1 + R_2 + R_3$

代入数值可得

$$R_T = 8\Omega$$

（2）$I_S = \dfrac{E}{R_T} = \dfrac{20\text{V}}{8\Omega} = 2.5\text{A}$

（3）$V_1 = I_1 R_1 = 2.5\text{A} \times 2\Omega = 5\text{V}$

$V_2 = I_2 R_2 = 2.5\text{A} \times 1\Omega = 2.5\text{V}$

$V_3 = I_3 R_3 = 2.5\text{A} \times 5\Omega = 12.5\text{V}$

例 3.4　试分析如图 3.8 所示的电路。

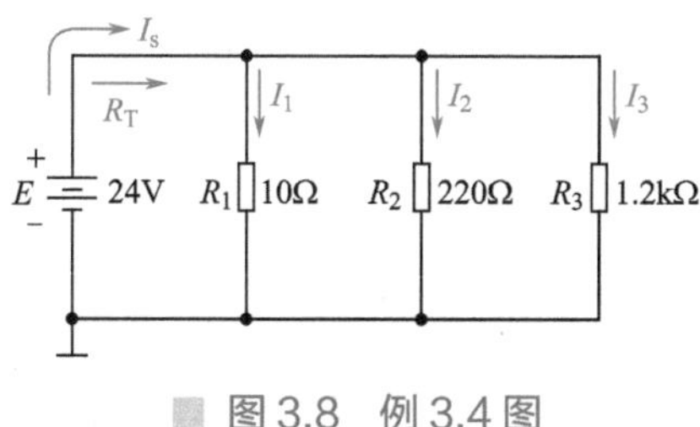

图 3.8　例 3.4 图

（1）求出电路中总电阻 R_T 的阻值。

（2）求出电路中电流 I_S 的大小。

（3）求出电路中每个电阻两端的电压。

解：

（1）$R_T = \dfrac{1}{\dfrac{1}{R_1} + \dfrac{1}{R_2} + \dfrac{1}{R_3}} = \dfrac{1}{\dfrac{1}{10\Omega} + \dfrac{1}{220\Omega} + \dfrac{1}{1.2\text{k}\Omega}} = 9.49\Omega$

（2）$I_S = \dfrac{E}{R_T} = \dfrac{24\text{V}}{9.49\Omega} = 2.53\text{A}$

（3）$I_1 = \frac{V_1}{R_1} = \frac{E}{R_1} = \frac{24\text{V}}{10\Omega} = 2.53\text{A}$

$$I_2 = \frac{V_2}{R_2} = \frac{E}{R_2} = \frac{24\text{V}}{220\Omega} = 0.11\text{A}$$

$$I_3 = \frac{V_3}{R_3} = \frac{E}{R_3} = \frac{24\text{V}}{1.2\text{k}\Omega} = 0.02\text{A}$$

实验测试设备

在了解做实验的设备之前，需要知道：**在电路中接入任何仪表都会影响电路，**必须最大限度地减少仪表对电路的影响。这里给出一个非常有用的小技巧：**电路的电压可以在不干扰电路的情况下测量。**

在图 3.9 中，测量串联电路中所有电阻上的电压，在不干扰电路的情况下连接电压表。注意，正极（通常为红色）引线连接高电位点，显示屏上的读数就是正数。如果引线颠倒，将显示负数。

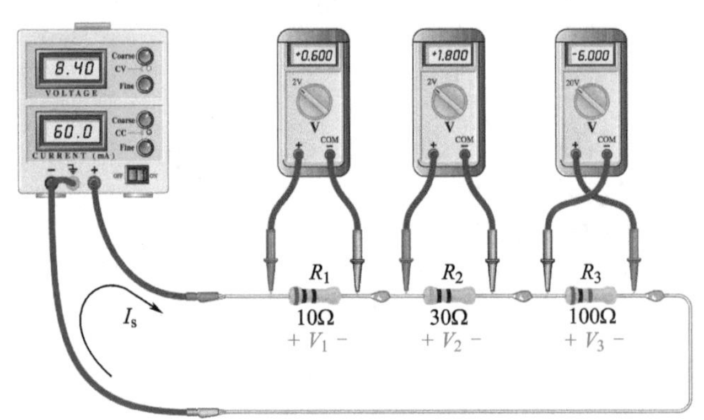

图 3.9　使用电压表测量电阻两端的电压

使用电压表时，先选择较大的测量范围，然后逐渐缩小测量范围，直到获得足够的精度，如图 3.10 所示。

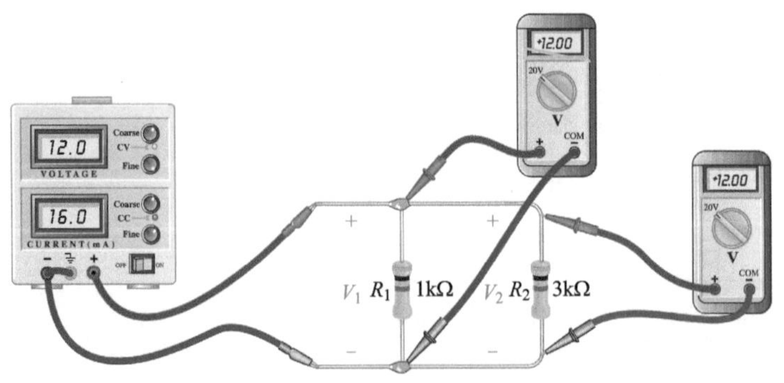

图 3.10　使用电压表测量并联电路电阻两端的电压

使用电流表测量电路中的电流，需要在某一点断开电路，然后串联接入电流表。如图 3.11 所示，电流表与电源和电路中的其他元件串联，如果电流表显示正数，说明电流从电流表的正极流入。

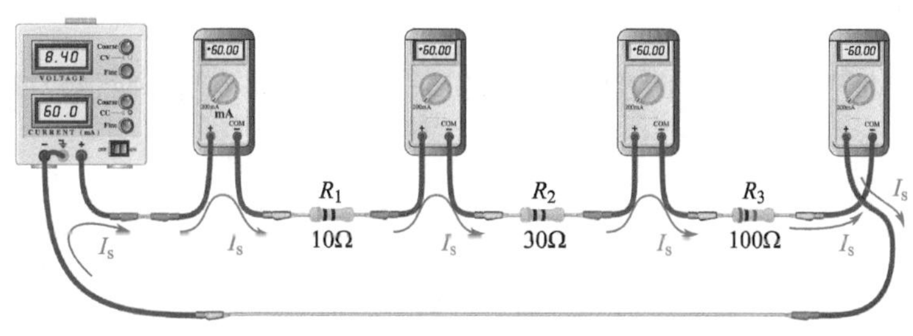

图 3.11　测量串联电路的电流

如图 3.12 所示，连接电流表来测量并联电路的总电流。首先必须在正极断开与电源的连接，然后接入电流表。

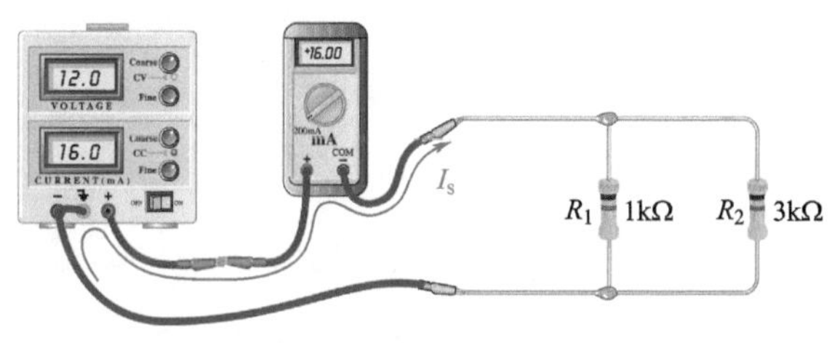

图 3.12　测量并联电路的总电流

如图 3.13（a）所示，断开电阻 R_1 上端的连接点以建立开路，接入电流表，使电流进入正极或红色端，如图 3.13（b）所示。

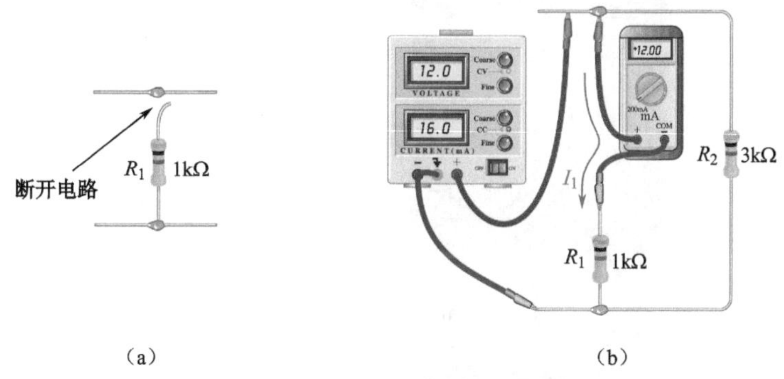

图 3.13　测量并联电路的支路电流

概览

本项目将在面包板上实现简单的串联和并联电路，会通过三种方法确定电路中的等效电阻阻值，这三种方法分别是理论计算、直接测量和欧姆定律。

步骤

1. 串联电路

（1）在面包板上使用数字式万用表测量三个 1.0kΩ 电阻的实际阻值，并将测量的值记录下来。

R_1=______________

R_2=______________

R_3=______________

（2）使用串联电阻的公式计算总电阻阻值 R_T，并将结果记录下来。

$$R_T = R_1 + R_2 + R_3 = \underline{\qquad\qquad\qquad} \text{k}\Omega$$

（3）如图 3.14 所示，将 R_1、R_2 和 R_3 进行串联，将数字式万用表设置在电阻挡位，并将表笔连接到串联电阻的两端。将测量结果记录在表 3.1 中。

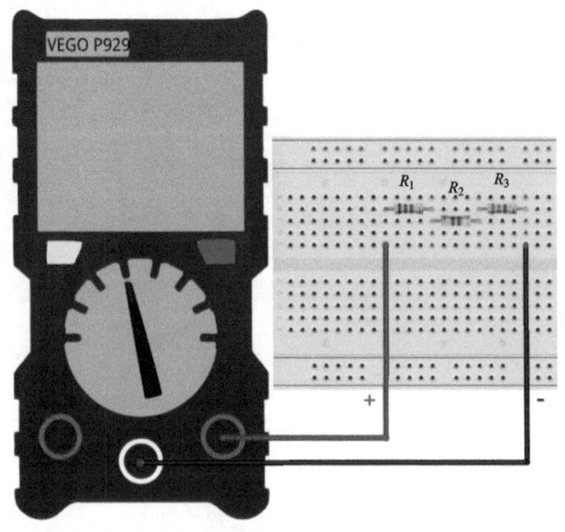

图 3.14　三个电阻的串联电路

（4）如图 3.15 所示，在面包板上搭建串联电路，打开电源，将输出电压更改为 5V，将电源插入面包板。

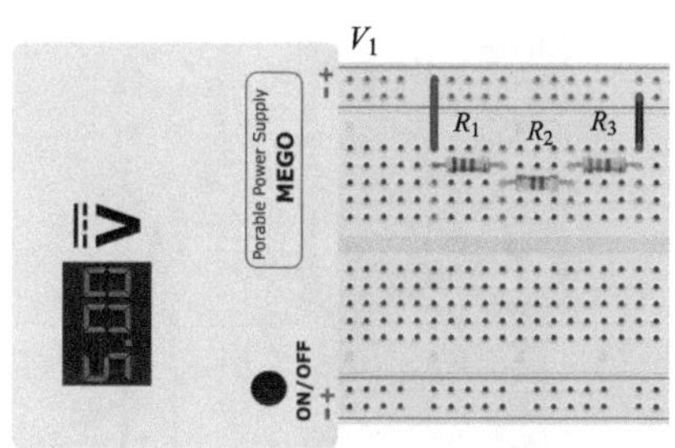

图 3.15　串联电路的面包板连接

（5）测量电阻的电压和电流（图 3.16），并记录在表 3.1 中。

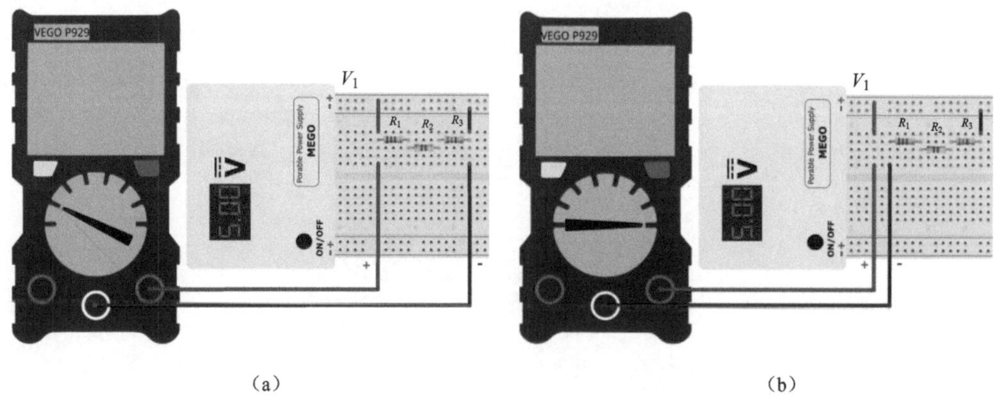

（a）　（b）

图 3.16　测量电阻的电压和电流

（6）根据测量的电压和电流，使用欧姆定律计算等效电阻阻值，并将计算的结果记录在表 3.1 中。

$$R_T = \frac{V_{source}}{I_{source}} = \underline{\qquad\qquad} \text{k}\Omega$$

表 3.1　记录表 1

R_T（计算）	R_T（测量）	V_{source}（测量）	I_{source}（测量）	R_T（欧姆定律）

2. 并联电路

（1）使用并联公式计算三个 1.0kΩ 电阻并联的等效电阻阻值，将计算结果填在表 3.2 中。

$$\frac{1}{R_T} = \frac{1}{R_1} + \frac{1}{R_2} + \frac{1}{R_3} = \underline{\qquad\qquad}$$

$$R_T = \underline{\qquad\qquad} \Omega$$

（2）将三个 1.0kΩ 电阻并联，如图 3.17 所示，然后测量等效电阻阻值。将此值记录在表 3.2 中。

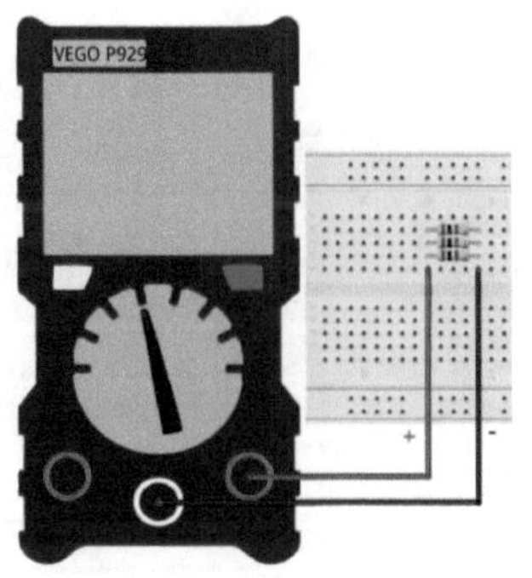

图 3.17　并联连接

（3）如图 3.18 所示，在面包板上搭建并联电路，仔细检查电路并将输出电压设置为 5V。

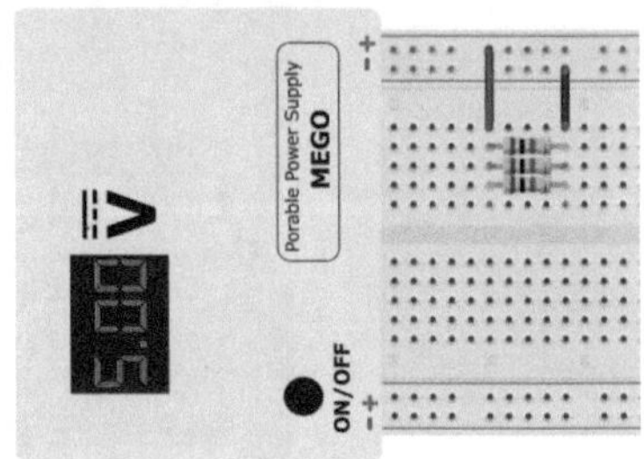

图 3.18　并联电路的面包板连接

（4）测量电阻的电压及电流（图 3.19），测量电压和电流时，须使用正确的测量模式，在表 3.2 中记录测量结果。

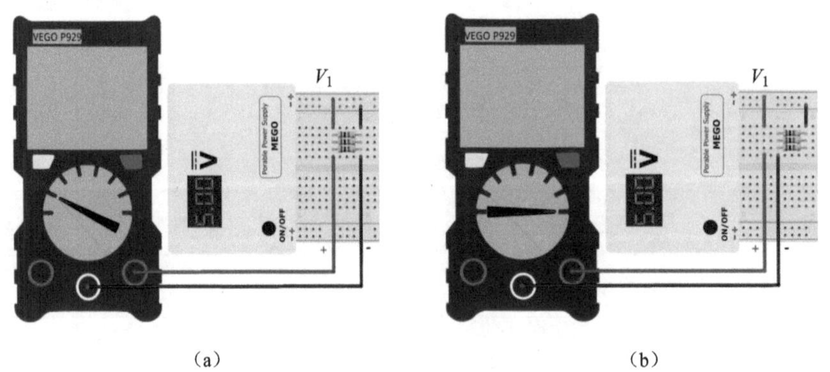

（a）　　（b）

图 3.19　测量电阻的电压及电流

（5）根据测量的电压和电流，使用欧姆定律计算总电阻阻值，将计算的结果填写在表 3.2 中。

$$R_{\mathrm{T}}=\frac{V_{\text{source}}}{I_{\text{source}}}=\underline{\qquad\qquad}\mathrm{k\Omega}$$

表 3.2　记录表 2

R_T（计算）	R_T（测量）	V_{source}（测量）	I_{source}（测量）	R_T（欧姆定律）

（1）在表 3.1 和表 3.2 中，对比三种方法所得到的等效电阻阻值是否足够接近。

（2）仔细观察图 3.20 所示电路，根据电源及数字式万用表的读数，连接数字式万用表的红表笔，使得电路连接及读数都是合理的。

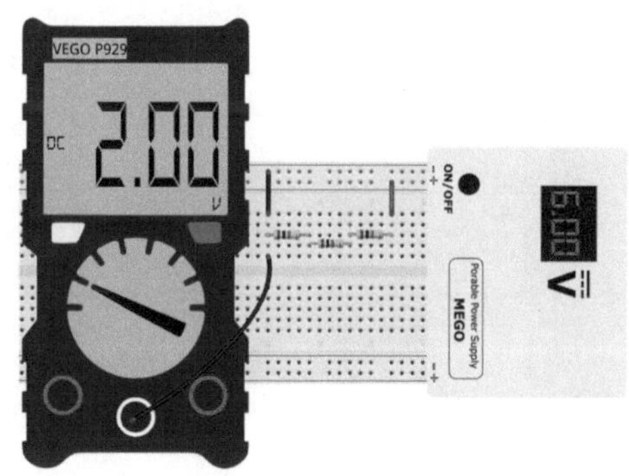

图 3.20　练习图 1

（3）仔细观察图 3.21 所示电路，根据图中的信息（所用电阻阻值都为 1kΩ），判断数字式万用表的读数。

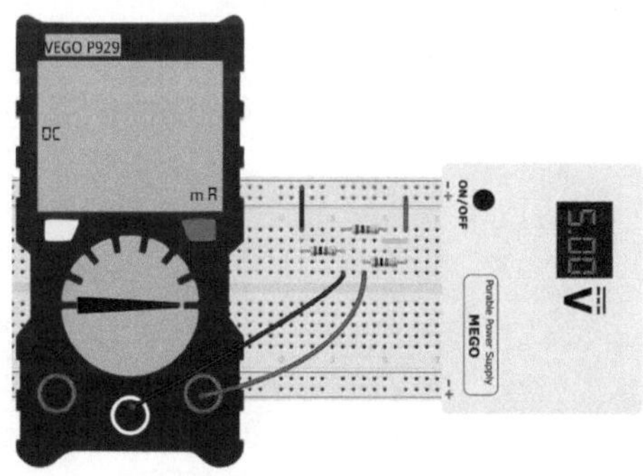

图 3.21　练习图 2

（4）如果测量等效电阻阻值时连接电源（电源处于工作状态），该方法是否仍然有效？可以通过实验方法进行尝试，并得出相关结论。

（5）推导图 3.22 所示电路的总电阻 R_T 的表达式。

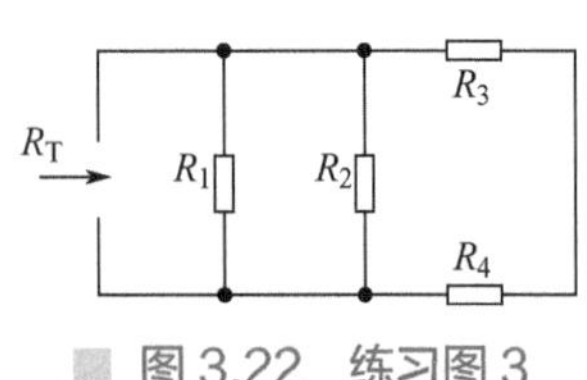

图 3.22　练习图 3

姓名：____________

日期：____________

课程：____________

指导老师：____________

项目 4

分压器与分流器

目标

（1）使用数字式万用表测量电路中的电压和电流。

（2）理解分压电路和分流电路的工作原理。

（3）逐渐熟悉相关仪器的操作。

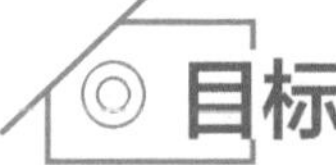

设备需求

仪　器	元　件	工　具
面包板电源 数字式万用表	1.0kΩ 电阻（1/4W）×2 3.3kΩ 电阻（1/4W）×2 4.7kΩ 电阻（1/4W）×2	面包板 导线 剥线钳

设备检查

小组成员检查上述仪器是否准备完毕，记录所使用仪器的型号（若无法确定可询问指导老师），并记录实验小组的编号。

设　备	型　号	实 验 小 组
面包板电源 数字式万用表		

1. 分压器

分压规则指出：**串联电路中电阻两端的电压等于该电阻阻值乘以总电压，再除以该电路中的总电阻阻值。**

在如图 4.1 所示的电路中，不需要确定电路中电流的大小，直接根据分压规则就可以得出电阻 R_1 及 R_2 两端的电压值。

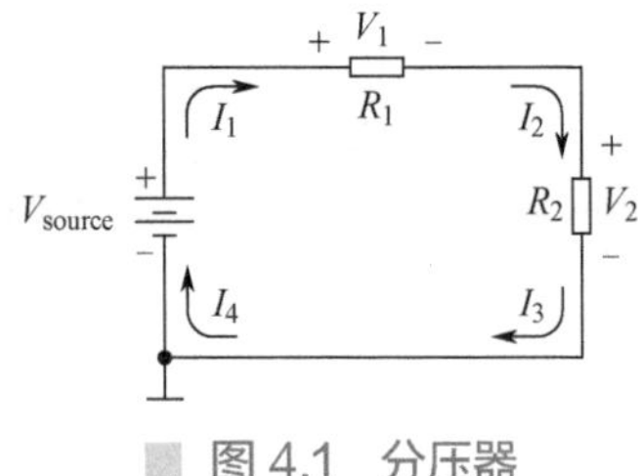

图 4.1 分压器

$$V_1=V_{source}\frac{R_1}{R_1+R_2} \qquad V_2=V_{source}\frac{R_2}{R_1+R_2}$$

上述规则也可以用欧姆定律进行验证。

图 4.1 中电路的总电阻阻值为

$$R_T=R_1+R_2$$

电流为总电压除以总电阻阻值：

$$I_S=I_1=I_2=\frac{V_{source}}{R_T}$$

利用欧姆定律可以得出每个电阻两端的电压值：

$$V_1=I_1R_1=\left(\frac{V_{source}}{R_T}\right)R_1=R_1\frac{V_{source}}{R_T}$$

$$V_2=I_2R_2=\left(\frac{V_{source}}{R_T}\right)R_2=R_2\frac{V_{source}}{R_T}$$

与利用分压规则得出的结果相同，总结上面两个式子可以得出：

$$V_X=R_X\frac{V_{source}}{R_T}$$

其中，V_X 是电阻 R_X 两端的电压，V_{source} 是电压源的电压，R_T 是串联电路的总电阻阻值。

例 4.1 根据图 4.2 所示的电压表读数，求电压 V_3。

解：虽然电路的其余部分没有显示，并且当前电流尚未确定，但可以根据分压器原理进行计算：

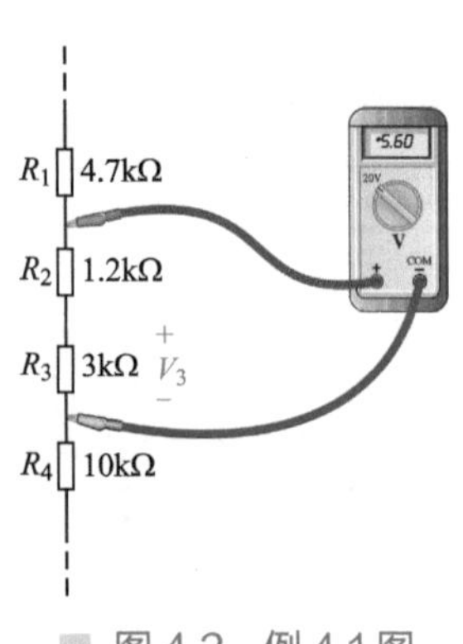

图 4.2 例 4.1 图

$$V_3 = R_3 \frac{V(\text{电压表读数})}{R_3 + R_2}$$

$$V_3 = \frac{3\text{k}\Omega \times 5.6\text{V}}{3\text{k}\Omega + 1.2\text{k}\Omega}$$

$$V_3 = 4\text{V}$$

2. 分流器

对于串联电路，可以用分压规则来计算电阻两端的电压。下面介绍分流规则，通过并联电路中的电阻来计算电流。

分流器主要应用于并联电路中，利用各元件两端电压相同来计算各分支的电流。电流始终寻求电阻最小的路径。例如，在图 4.3 中，9A 的电流面临三个并联电阻的分支。无须单独计算即可知，大部分电流（绿色部分）将通过最小的 10Ω 电阻，最小的电流（红色部分）将通过 1kΩ 电阻。

一般来说，对于同阻值的两个并联元件，电流将被均分。对于不同阻值的并联元件，阻值越小，流经的电流越大。对于不同阻值的并联元件，如图 4.4 所示，可参考下面的公式：

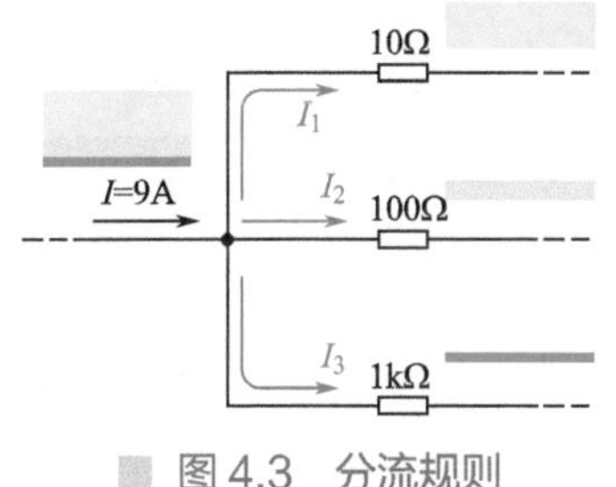

图 4.3　分流规则

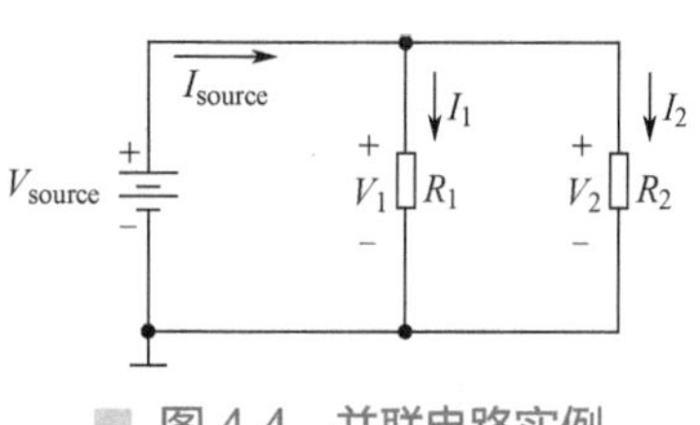

图 4.4　并联电路实例

$$\frac{I_1}{I_2} = \frac{R_2}{R_1}$$

也可以分别推导出各支路电流的公式：

$$I_1 = I_{\text{source}} \frac{R_2}{R_1 + R_2}$$

$$I_2 = I_{\text{source}} \frac{R_1}{R_1 + R_2}$$

例 4.2　分析如图 4.5 所示的电路。

（1）试用比例规则分析并确定电流 I_1 的大小。

（2）试用比例规则分析并确定电流 I_3 的大小。

（3）试用基尔霍夫电流定律分析并确定电流 I_S 的大小。

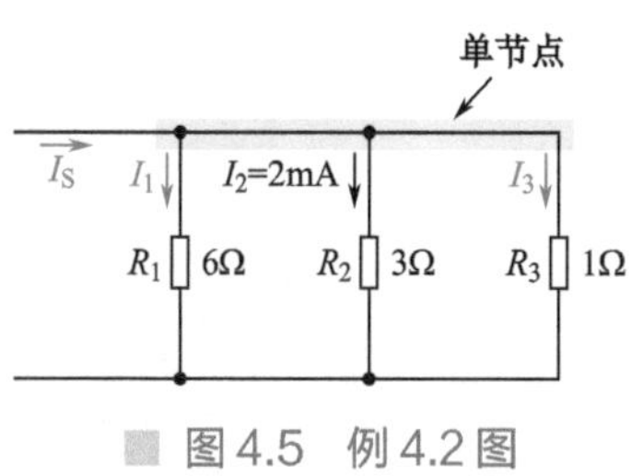

图 4.5　例 4.2 图

解：

（1）使用比例公式

$$\frac{I_1}{I_2} = \frac{R_2}{R_1}$$

代入数值可得

$$I_1 = 1\text{mA}$$

（2）同理可得

$$I_3 = 6\text{mA}$$

（3）利用基尔霍夫电流定律可得

$$\sum I_{\text{i}} = \sum I_{\text{o}}$$

$$I_{\text{S}} = I_1 + I_2 + I_3$$

代入数值可得

$$I_{\text{S}} = 9\text{mA}$$

概览

分压器和分流器在电路中的应用相当广泛，本项目将通过计算与测量的方法验证分压与分流电路的作用。可以将本项目看作对之前项目的巩固，因此省去了一部分面包板连接图，借此机会，读者可以练习搭建面包板电路的技巧。

步骤

1. 分压电路

（1）在面包板上构建如图 4.6 所示的电路，测量每个电阻的实际阻值，并记录在旁边的空白处，理论阻值：R_1=1.0kΩ，R_2=3.3kΩ，R_3=4.7kΩ。

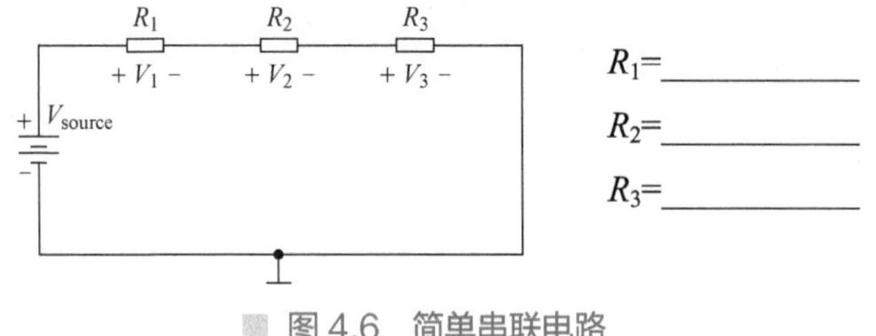

图 4.6　简单串联电路

（2）使用分压器公式计算每个电阻两端的电压值，并将计算结果填至表 4.1 中。计算时可以假设 V_{source}=12V。

计算：

（3）将电源输出电压设置为 12V，将数字式万用表设置为电压模式，测量每个电阻上的电压值。在表 4.1 中记录测得的电压值。

表 4.1　记录表 1

	电压计算值/V	电压测量值/V
R_1		
R_2		
R_3		

2. 分流电路

（1）在面包板上搭建如图 4.7 所示的电路。注意：测量电流时需要将数字式万用表串联至电路中，动手前请思考如何在面包板上布局。理论阻值：R_1=1.0kΩ，R_2=4.7kΩ。

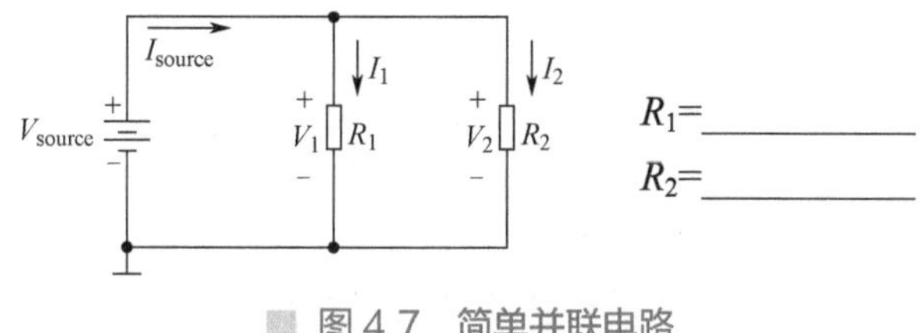

图 4.7　简单并联电路

（2）图 4.8 是推荐的面包板电路布局。在测量电流时，可以直接将黄线和绿线拔出并用调至电流模式的数字式万用表代替，这里将电源输出电压设置为 12V，用于和理论计算匹配。

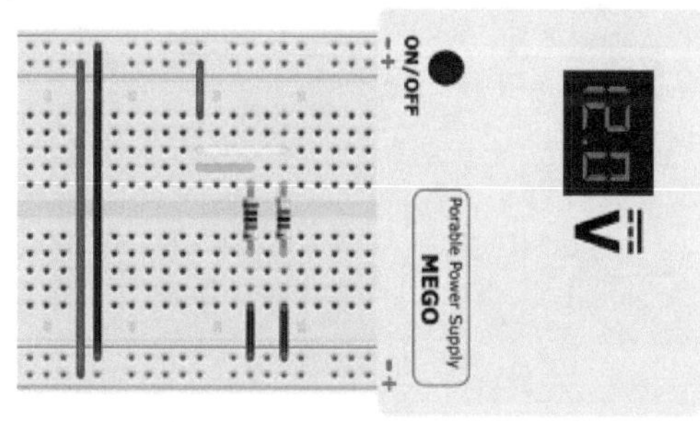

图 4.8　推荐的面包板电路布局

（3）使用分流器公式计算通过 R_1 和 R_2 的理论电流值，将计算结果记录在表 4.2 中。

计算：

（4）将数字式万用表设置为电流模式，并测量每个电阻中的电流值，将测量结果填至表 4.2 中。

表 4.2　记录表 2

	计算电流值/mA	测量电流值/mA
R_1		
R_2		

（1）在表 4.1 和表 4.2 中，对比计算结果与实际测量值，两者是否足够接近并可以用来验证本实验的正确性？

（2）设计电路时，假设 R_3 两端的电压为 4V。通过图 4.9 中的参数，计算 R_3。也可以在面包板上搭建电路并验证结果。

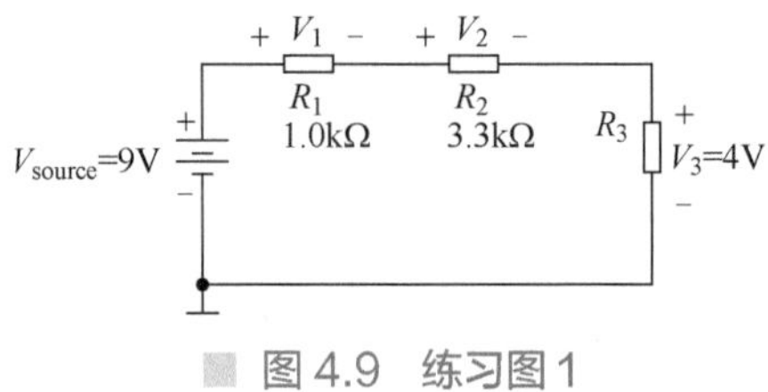

图 4.9　练习图 1

计算：

（3）如图 4.10 所示，能否通过观察数字式万用表的显示内容及色环电阻来判断出电源电压？

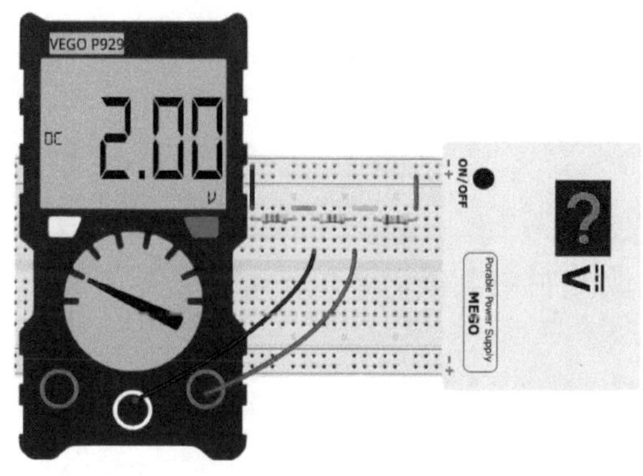

图 4.10　练习图 2

（4）构建图 4.11 所示电路，通过测量的方式完成表 4.3，并依次回答以下问题。

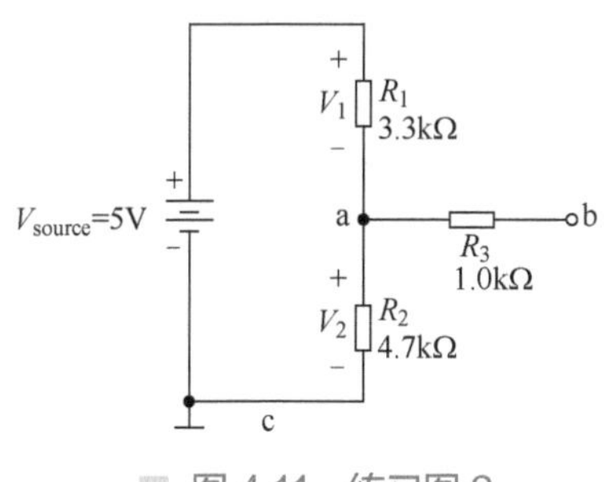

图 4.11　练习图 3

表 4.3　练习表 1

	未移除 R_3	移除 R_3
V_a		
V_b		—

① 测量节点 a 与节点 c 之间的电压，可将黑色表笔连接到 c 点，红色表笔连接到 a 点，将测量值记录在表 4.3 中。

② 使用同样的方法测量 V_b（另一端仍然接 c 点），并将测量结果记录在表 4.3 中。请注意，R_3 此时处于开路状态，因为 b 点并不存在电流回路。

③ 移除 R_3，然后测量 V_a 并将其值记录在表 4.3 中。

根据上述测量结果，V_a 和 V_b 之间的电压差（也称压降）是多少？此时如果采用分压电路的方法计算 V_1 或者 V_2 是否仍然有效？如果此时将 b 点接至 c 点构成一个回路，V_2 会减小还是增大？

姓名：________

日期：________

课程：________

指导老师：________

项目 5

瓦特定律

目标

（1）搭建一个简单的小灯泡电路。

（2）用数字式万用表测量电路中的电压与电流。

（3）通过瓦特定律计算电路的功率。

设备需求

仪　器	元　件	工　具
面包板电源 电源 数字式万用表	小灯泡×2（功率 3W） 10Ω 电阻×1（功率 3W）	面包板 导线 剥线钳

设备检查

小组成员检查上述仪器是否准备完毕，记录所使用仪器的型号（若无法确定可询问指导老师），并记录实验小组的编号。

设　备	型　号	实 验 小 组
面包板电源 数字式万用表		

理论

一般来说，功率是指物体在单位时间内所做的功的多少，即功率是描述做功快慢的物理量。例如，大型电动机比小型电动机具有更大的功率，因为在相同的时间内它能够将更多的电能转化为机械能。功率的单位是焦耳/秒（J/s），功率的电器计量单位是瓦特（W），它被定义为

$$1\text{W}=1\text{J/s}$$

功率由下式确定：

$$P=\frac{W}{t}$$

在如图 5.1 所示电路中，功率用于描述单位时间内电能的消耗或产出。根据能量守恒定律，电路中的输出功率与消耗功率是相等的。消耗功率的元件为电阻，其功率计算方法如下：

$$P=VI$$

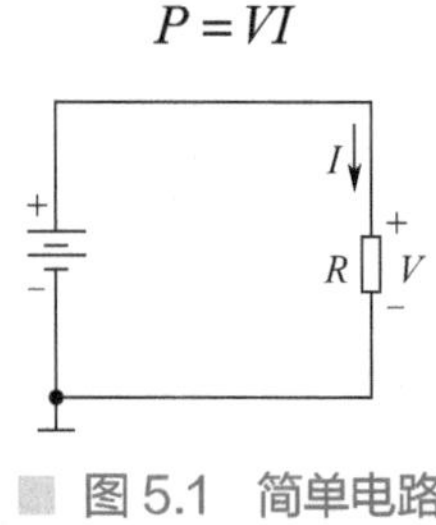

图 5.1 简单电路

其中，V 是电阻两端的电压，I 是通过电阻的电流。如果 R 是恒定的，则可以结合欧姆定律，重写瓦特定律：

$$P=\frac{V^2}{R}\text{或}P=I^2R$$

例 5.1 求如图 5.2 所示直流电动机的功率。

解：$P=VI=120\text{V}\times5\text{A}=600\text{W}$

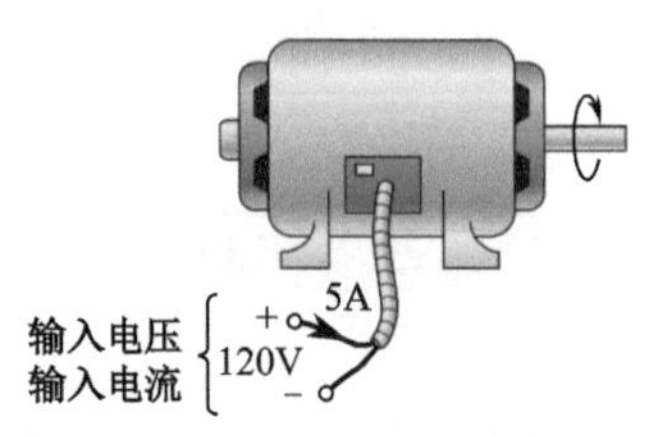

图 5.2 例 5.1 图

例 5.2　在一个电流为 4A 的电路中，电流流经一个阻值为 5Ω 的电阻，该电阻消耗的功率为多少？

解：$P=I^2R=(4\text{A})^2\times 5\Omega=80\text{W}$

例 5.3　灯泡的电流-电压曲线如图 5.3 所示，值得注意的是该曲线是非线性的，表明在灯泡两端施加的电压不同时，灯泡两端的电阻阻值也不相同，额定电压为 120V，计算灯泡的额定功率，以及该额定条件下灯泡的电阻阻值。

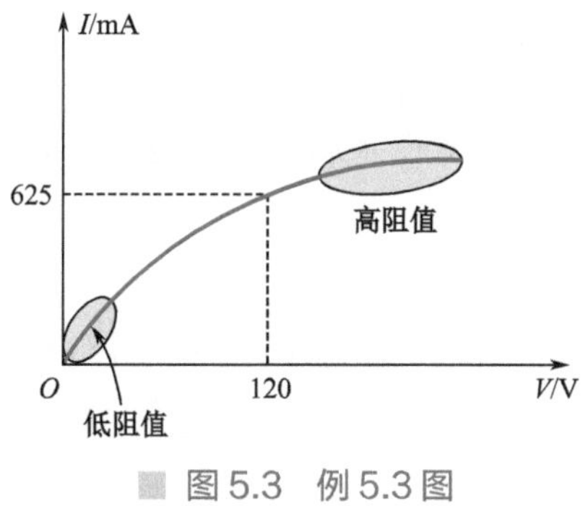

图 5.3　例 5.3 图

解：已知

$$I=0.625\text{A}$$
$$P=VI=120\text{V}\times 0.625\text{A}=75\text{W}$$
$$R=\frac{V}{I}=\frac{120\text{V}}{0.625\text{A}}=192\Omega$$

例 5.4　某电流通过一个阻值为 5kΩ 的电阻时，消耗的功率为 20mW，求出该电流的大小。

解：根据公式 $P=I^2R$ 可推导出

$$I=\sqrt{\frac{P}{R}}=\sqrt{\frac{20\times10^{-3}}{5\times10^{3}}\frac{\text{W}}{\Omega}}=\sqrt{4\times10^{-6}}\text{A}=2\times10^{-3}\text{A}$$

概览

参考图 5.4 所示电路，在本实验中，将观察灯泡以不同功率水平工作时的效果，并结合瓦特定律对这一现象进行物理解释。通过本实验可加深对额定功率的理解。

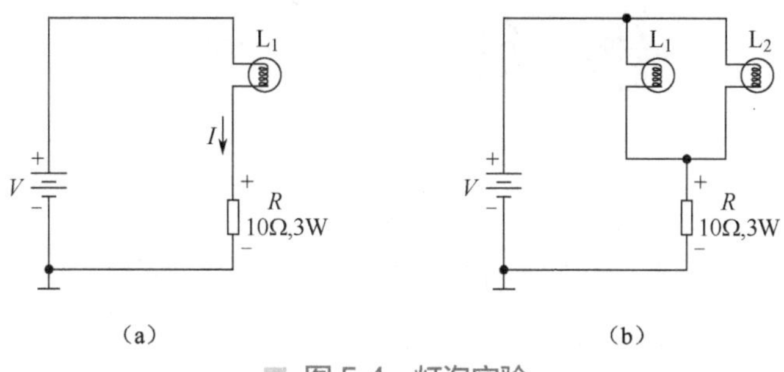

图 5.4　灯泡实验

步骤

在本项目中，多个元件可能会发热，因此在操作过程中请勿触摸电阻和灯泡，否则会烫伤。认真按照说明进行操作，确保在动手之前已阅读每个步骤的介绍。

1. 单灯泡实验

（1）检查电源的默认输出电压，将输出电压设置为4.5V，然后将其关闭并继续下一步。

（2）使用给定的组件（灯泡和10Ω电阻）在面包板上搭建图5.5所示电路，确保所有电线都插入孔中，以使电路导通。

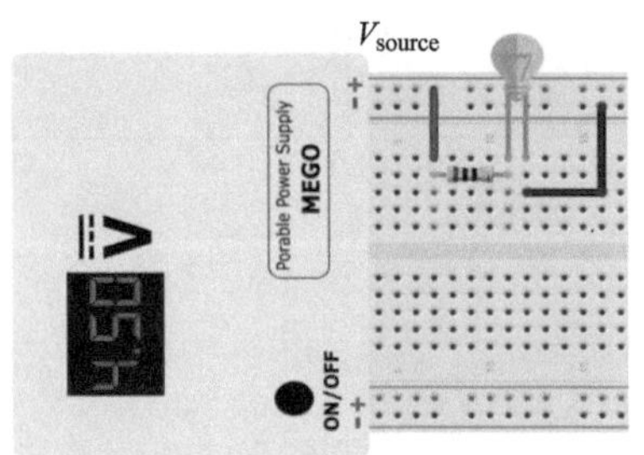

图5.5 单灯泡实验电路连接图

（3）打开电源，此时灯泡应处于工作状态。如果灯泡没有点亮，则关闭电源，检查电路连接或寻求指导，请勿触摸电阻或正在发亮的灯泡。

（4）将数字式万用表设置为电压模式，测量灯泡和电阻两端的电压，并记录在表5.1中。

（5）将数字式万用表设置为电流模式，然后测量电路中的电流。测量通过灯泡的电流，需要将数字式万用表调成电流模式并串联接入电路（图5.6），将测量的电流值记录在表5.1中。

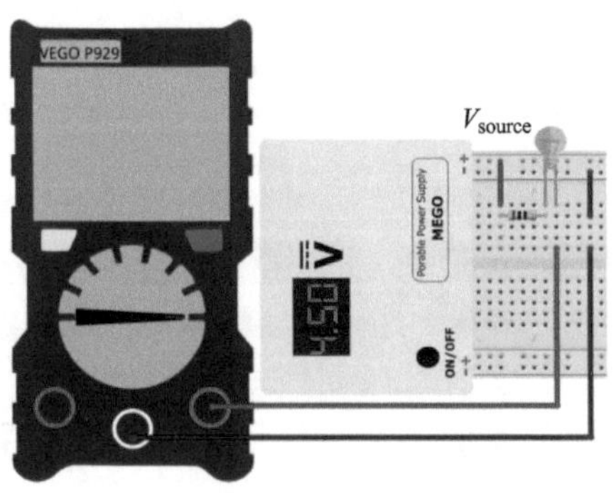

图5.6 测量通过灯泡的电流

（6）用瓦特定律计算出电阻与灯泡的功耗。

$$P_R = V_R I_R = \underline{\qquad\qquad\qquad} \text{mW}$$

$$P_{bulb} = V_{bulb} I_{bulb} = \underline{\qquad\qquad\qquad} \text{mW}$$

将计算出的数据相应地填入表5.1中。

表 5.1　记录表 1

	电压/V	电流/mA	功耗/mW
电阻			
灯泡			

2. 双灯泡实验

（1）搭建图 5.7 所示电路，使用相同的 10Ω 电阻，确保所有电线都插入孔中，以使电路导通。

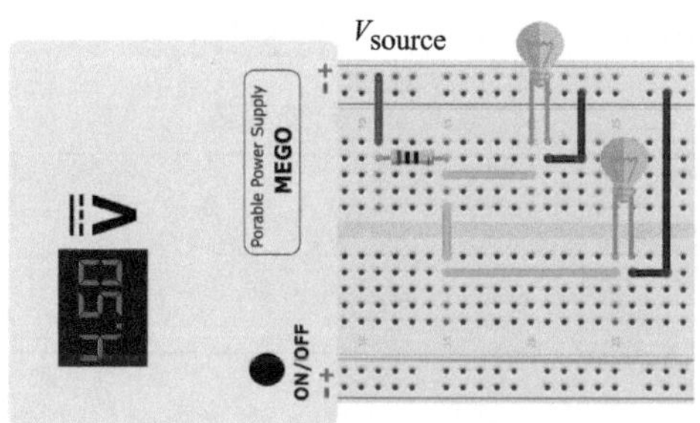

图 5.7　双灯泡实验电路连接图

（2）开启电源，如果输出电压仍然为 4.5V，则应观察到两个灯泡的亮度比单灯泡实验低。

（3）将电源输出电压提高到 5.5V，两个灯泡的亮度应当与单灯泡实验相同。

（4）将数字式万用表设置为电压模式，测量灯泡和电阻两端的电压，并记录在表 5.2 中。

（5）将数字式万用表设置为电流模式，分别测量流过左右两个灯泡和电阻的电流。在测量电流时，注意数字式万用表的连线方式，可参考图 5.8 所示方法。最后，将测量值记录在表 5.2 中。

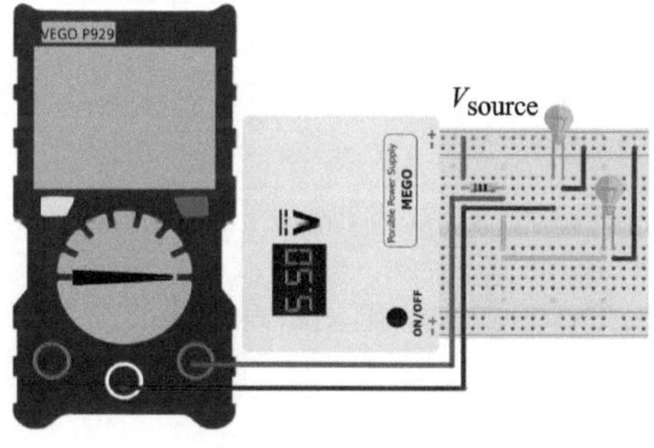

（a）测量左灯泡电流

图 5.8　测量电流

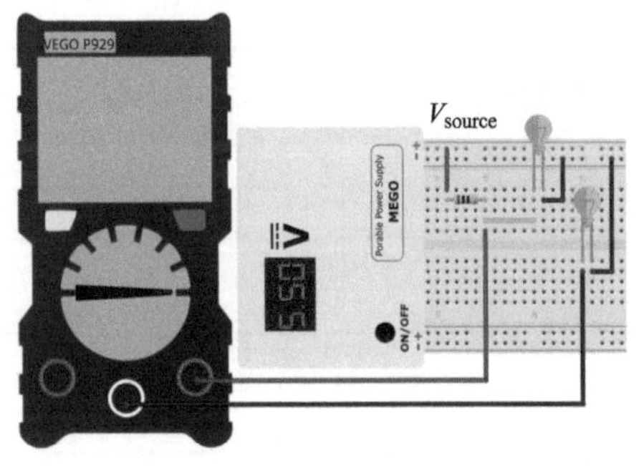

（b）测量右灯泡电流

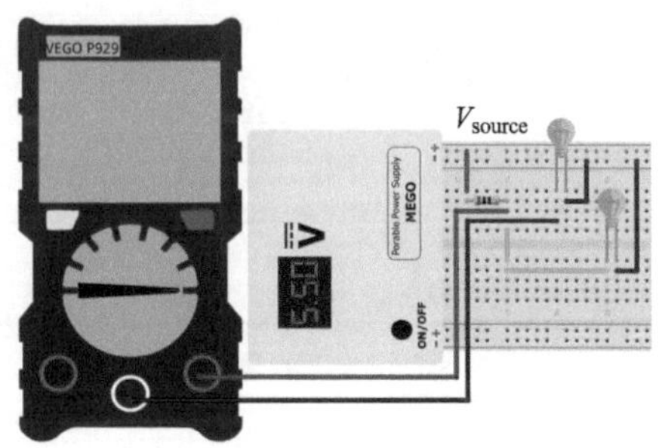

（c）测量通过电阻的电流

图 5.8　测量电流（续）

（6）计算电阻和灯泡的功耗，在表 5.2 中填入计算值。

表 5.2　记录表 2

	电　压	电　流	功　耗
电阻			
灯泡 1			
灯泡 2			

练习

1. 第一部分电路

（1）对比电阻的实际功耗与额定功率，以及灯泡的实际功耗与额定功率，此电路是否安全？

（2）根据测量和计算结果，电源的输出功率是多少？

2. 第二部分电路

（1）在第三步中，为什么增大电源电压才能使两个灯泡维持之前的亮度？

（2）将电阻的功耗与额定功率进行比较，该电路是否安全？

（3）本实验中所使用的移动电源额定容量为 7Wh，即可以在 7W 的功率下运行 1 小时。假设该电源转换效率为 80%，且已经充满电，那么大约可以对双灯泡电路持续供电多久？

姓名：____________

日期：____________

课程：____________

指导老师：____________

基尔霍夫定律

目标

（1）通过实验了解基尔霍夫定律的基本知识。

（2）在面包板上进行实验并验证相关理论。

设备需求

仪　器	元　件	工　具
面包板电源 数字式万用表	1.0kΩ 电阻（1/4W）×3 3.3kΩ 电阻（1/4W）×1	面包板 导线 剥线钳

设备检查

小组成员检查上述仪器是否准备完毕，记录所使用仪器的型号（若无法确定可询问指导老师），并记录实验小组的编号。

设　备	型　号	实验小组
面包板电源 数字式万用表		

理论

在电路中，当一个点同时连接三个或以上元件时，称该点为节点。基尔霍夫电流定律（KCL）指出：流入和流出网络节点的电流的代数和为零，也可以描述为进入网络节点的电流总和等于离开同一节点的电流总和。如图 6.1 所示，上述内容可以写成如下等式形式：

$$\sum I_{\mathrm{i}} = \sum I_{\mathrm{o}}$$

其中，I_{i} 代表进入节点的电流，I_{o} 代表离开节点的电流。

在图 6.1 中，阴影部分既可以是整个系统，也可以是一个复杂的网络，还可以是一个连接点。无论是哪种情况，根据等式的要求，流入节点的电流必须等于流出节点的电流。图 6.1 中流入节点电流与流出节点电流之间的关系如下：

$$\sum I_{\mathrm{i}} = \sum I_{\mathrm{o}}$$

$$I_1 + I_4 = I_2 + I_3$$

$$4\mathrm{A} + 8\mathrm{A} = 2\mathrm{A} + 10\mathrm{A}$$

$$12\mathrm{A} = 12\mathrm{A}$$

图 6.1　节点

基尔霍夫电流定律常用于交汇点，如图 6.2 所示，借助水流模型能够更好地帮助读者理解。图中的交汇点就是横跨溪流的小桥，简单地将 I_1（电流）与 Q_1（水流）联系起来，将较小的支路电流 I_2 与水流 Q_2 联系起来，将较大的支路电流 I_3 与水流 Q_3 联系起来。

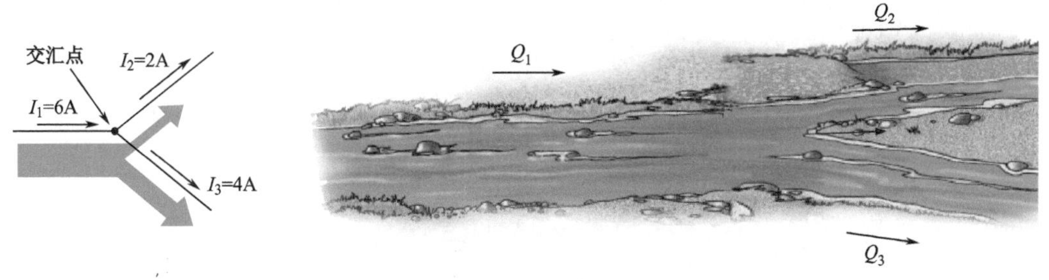

图 6.2　基尔霍夫电流定律示意图

到达小桥的水流之和必须等于离开小桥的水流之和，因此$Q_1 = Q_2 + Q_3$。因为电流I_1指向交汇点，水流Q_1流向小桥，因此这两个量都可以看作流入交汇点。电流I_2和I_3都离开交汇点，就像Q_2和Q_3离开小桥一样，因此I_2、I_3、Q_2、Q_3都是离开交汇点的。

例 6.1　试用基尔霍夫电流定律分析图 6.3 所示电路，并求出电流I_3和I_4。

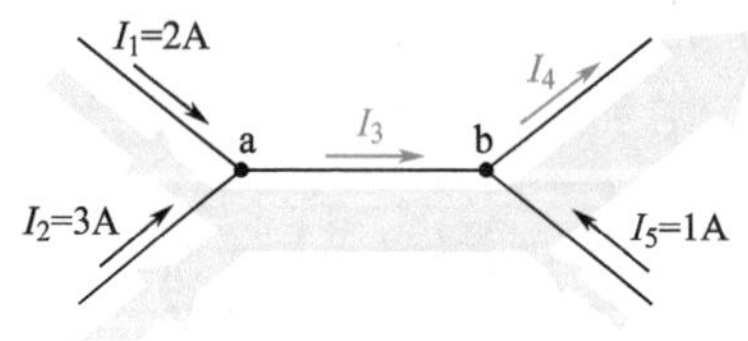

图 6.3　例 6.1 图

解：对于节点 a：

$$\sum I_{\mathrm{i}} = \sum I_{\mathrm{o}}$$

$$I_1 + I_2 = I_3$$

$$2\mathrm{A} + 3\mathrm{A} = I_3 = 5\mathrm{A}$$

对于节点 b：

$$\sum I_{\mathrm{i}} = \sum I_{\mathrm{o}}$$

$$I_3 + I_5 = I_4$$

$$2\mathrm{A} + 3\mathrm{A} = I_4 = 6\mathrm{A}$$

例 6.2　试用基尔霍夫电流定律分析图 6.4 所示电路，求出电流I_3及I_5。

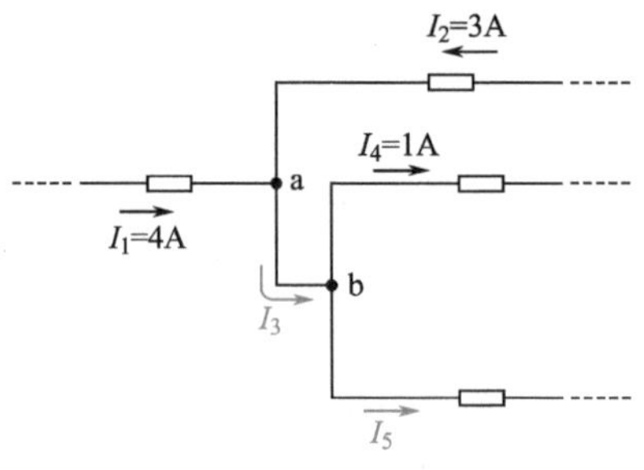

图 6.4　例 6.2 图

解：注意，由于节点 b 有两个未知量I_3和I_4，而节点 a 只有一个未知量，所以首先将基尔霍夫电流定律应用于节点 a，然后应用于节点 b。

节点 a：

$$\sum I_{\mathrm{i}} = \sum I_{\mathrm{o}}$$

$$I_1 + I_2 = I_3$$

$$4\mathrm{A} + 3\mathrm{A} = I_3 = 7\mathrm{A}$$

节点 b：

$$\sum I_{\mathrm{i}} = \sum I_{\mathrm{o}}$$

$$I_4 + I_5 = I_3$$
$$7\text{A} = 1\text{A} + I_5$$
$$I_5 = 7\text{A} - 1\text{A} = 6\text{A}$$

例 6.3　试分析图 6.5 所示电路。

（1）求出电流 I_S。

（2）求出电源电压。

（3）确定电阻 R_3 的阻值。

（4）计算电阻 R_T 的阻值。

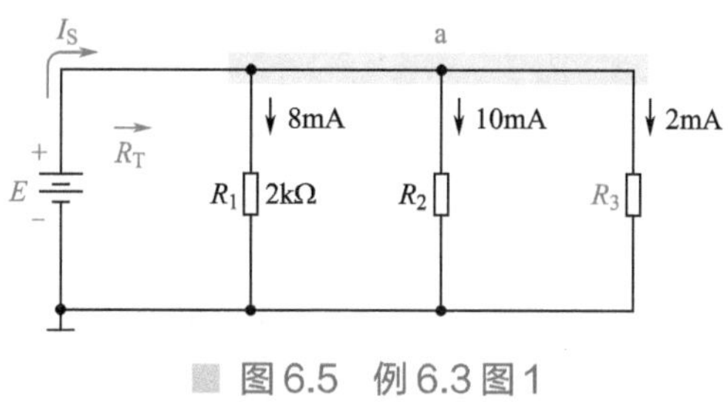

图6.5　例6.3图1

解：

（1）在节点 a 可以将电路变形，如图 6.6 所示。

节点 a 是所有分支的共同点。

$$\sum I_i = \sum I_o$$
$$I_S = I_1 + I_2 + I_3$$
$$I_S = 8\text{mA} + 10\text{mA} + 2\text{mA} = 20\text{mA}$$

在使用 KCL 解决上述问题时，不需要知道电阻的阻值及所施加的电压，只需要知道当前电流。

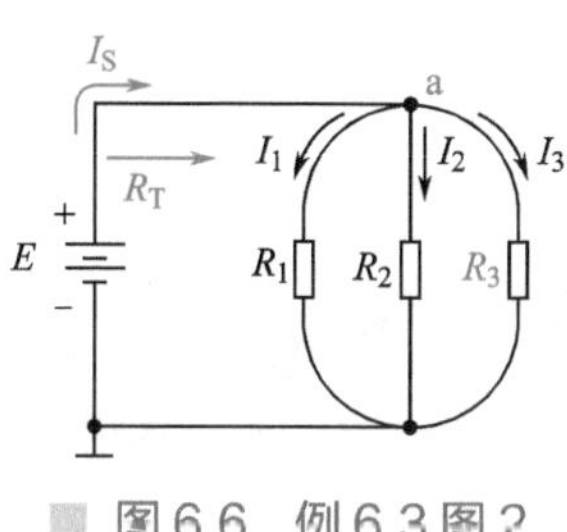

图6.6　例6.3图2

（2）使用欧姆定律可以求出电源电压的大小：

$$E = V_1 = I_1 R_1 = 8\text{mA} \times 2\text{k}\Omega = 16\text{V}$$

（3）由欧姆定律的变形公式得出：

$$R_3 = \frac{V_3}{I_3} = \frac{E}{I_3} = \frac{16\text{V}}{2\text{mA}} = 8\text{k}\Omega$$

（4）再次使用欧姆定律可以得出：

$$R_T = \frac{E}{I_S} = \frac{16V}{20mA} = 0.8k\Omega$$

基尔霍夫电压定律（KVL）指出：在电路的任何回路中，该回路的所有电压代数和为0。基尔霍夫电压定律的使用前提是需要在电路中找到一个闭合回路，如图6.7所示，电流从a点流向b点，流经c点、d点后返回a点，形成了一个闭合回路。由基尔霍夫电压定律可知，在该闭合回路abcd中，电位上升及电位下降的代数和为零。

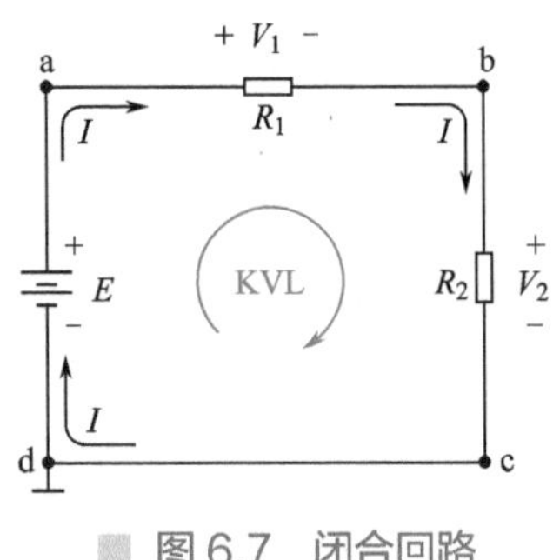

图6.7　闭合回路

数学公式可以表达为

$$\sum V = 0$$

其中，$\sum$ 代表求和，V 表示电位的上升及下降。

为了简化方便，接下来选择顺时针方向（只要是一个闭合回路，选择任何方向都可以）。另外，选择顺时针方向作为参考方向时，如果是从低电位向高电位变化的电压，就给它分配一个正号。如果是从高电位向低电位变化的电压，就给其分配一个负号。

在图6.7中，当从电压源d点前进到a点时，是从负电位移动到正电位，给此变化的电压 E 添加一个正号（+）。从a点移动到b点时电位下降，给此变化的电压添加一个负号。继续从b点到c点，电位也是下降的，同样给电压添加一个负号。最后回到d点，结果为0。列出如下等式：

$$+E - V_1 - V_2 = 0$$

可以改写为

$$E = V_1 + V_2$$

例6.4　试用基尔霍夫电压定律分析图6.8所示电路，并求出 R_1 两端的电压。

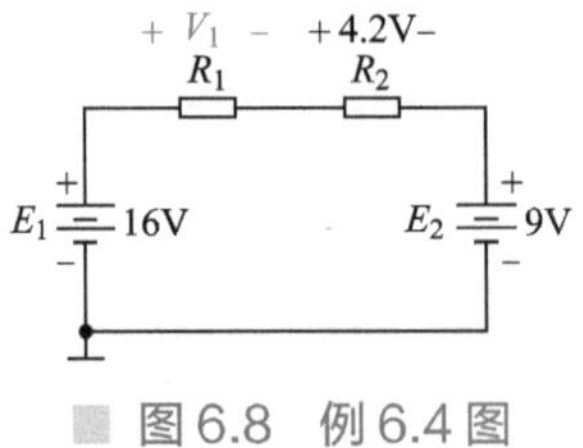

图6.8　例6.4图

解：在使用基尔霍夫电压定律时，一定要注意电位的上升或者下降。

由基尔霍夫电压定律可得：

$$+E_1 - V_1 - V_2 - E_2 = 0$$
$$V_1 = E_1 - V_2 - E_2$$
$$= 16\text{V} - 4.2\text{V} - 9\text{V}$$
$$V_1 = 2.8\text{V}$$

例 6.5　试用基尔霍夫电压定律分析图 6.9 所示电路，求出图中 V_X。

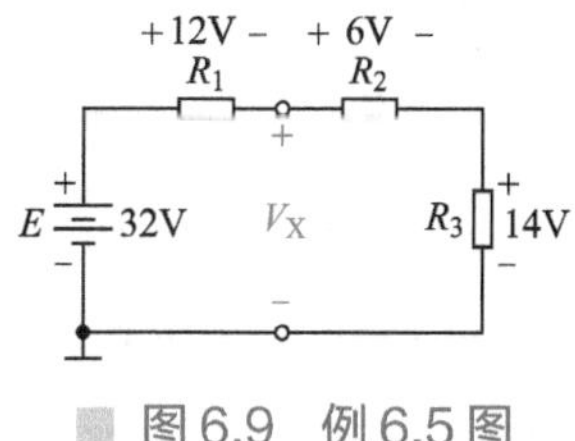

图6.9　例6.5图

解：未知电压不在单个电阻上，而在电路的两个点之间，在路径周围应用基尔霍夫电压定律，顺时针经过电源：

$$+E - V_1 - V_X = 0$$
$$V_X = E - V_1 = 32\text{V} - 12\text{V} = 20\text{V}$$

顺时针经过电阻 R_3：

$$+V_X - V_2 - V_3 = 0$$
$$V_X = V_2 + V_3$$
$$= 6\text{V} + 14\text{V}$$
$$= 20\text{V}$$

例 6.6　试用基尔霍夫电压定律分析图 6.10 所示电路，求出 V_1 及 V_2。

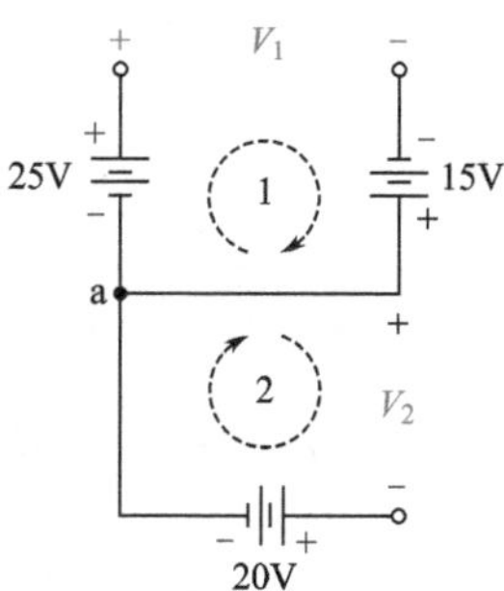

图6.10　例6.6图

解：对于路径 1，顺时针方向从 a 点开始：

$$+25\text{V} - V_1 + 15\text{V} = 0$$
$$V_1 = 40\text{V}$$

对于路径 2，顺时针方向从 a 点开始：

$$-V_2 - 20 = 0$$
$$V_2 = -20\text{V}$$

概览

基尔霍夫定律是电路的重要理论，并可以延展出许多实用的电路分析技巧，这些技巧通常在高校的电路课程中会学到。本项目的目的是帮助读者从实验的角度了解基尔霍夫定律，并大致了解如何处理较为复杂的电路。

步骤

（1）图 6.11 为需要实现的电路，需要测量电压和电流，因此在搭建电路之前，需要考虑如何在面包板上进行布局。

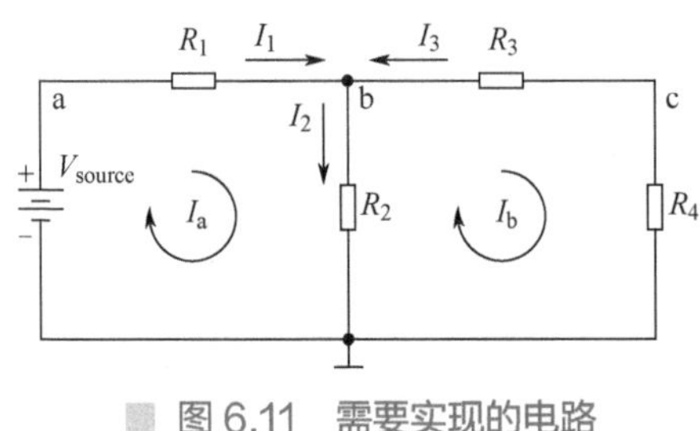

图 6.11　需要实现的电路

（2）下面开始搭建电路，选用 R_1=R_3=R_4=1.0kΩ，R_2=3.3kΩ，并将电源设置为 9V 后连接到面包板上，面包板布局可以参考图 6.12。

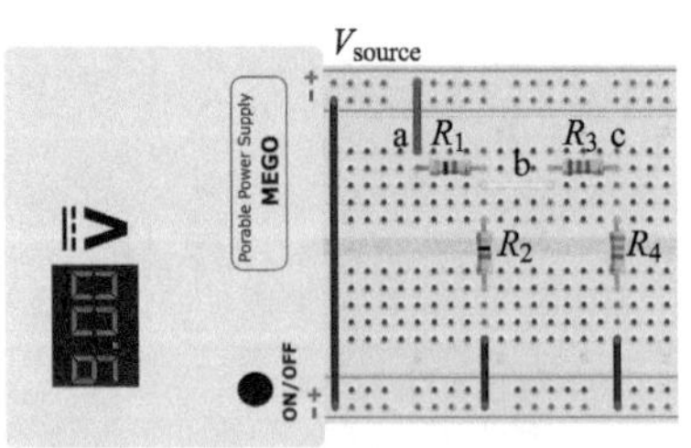

图 6.12　面包板布局

（3）将数字式万用表设置为电压模式，分别测量 V_{source}、V_{R1}、V_{R2}、V_{R3} 和 V_{R4}，然后将测量结果记录在表 6.1 中。在测量时注意极性（红色表笔连接高电位，黑色表笔连接低电位，如果反接可能导致测量结果为负数）。

（4）将数字式万用表设置为电流模式，测量 I_1、I_2 和 I_3，测量时注意极性（与图 6.11 中指定的方向保持一致）。将测量结果记录在表 6.1 中。

表 6.1　记录表 1

<table>
<tr><th>步　骤　3</th><th>电压/V</th><th>步　骤　4</th><th>电流/mA</th></tr>
<tr><td>V_{source}</td><td></td><td>I_1</td><td></td></tr>
<tr><td>V_{R1}</td><td></td><td>I_2</td><td></td></tr>
<tr><td>V_{R2}</td><td></td><td>I_3</td><td></td></tr>
<tr><td>V_{R3}</td><td></td><td colspan="2" rowspan="2"></td></tr>
<tr><td>V_{R4}</td><td></td></tr>
</table>

（1）根据表 6.1 中的电压测量结果，写出回路 a 和回路 b 的 KVL 公式，将测量的电压代入该公式，结果是否足够接近 0？

（2）写出最外部回路的 KVL 公式，该回路为 V_{source}→a→b→c→接地，将测量的电压代入该公式，验证结果是否正确。

（3）使用表 6.1 中的电流测量结果，写出节点 b 的 KCL 公式，将测量结果代入该公式后，是否满足总和为 0？

（4）在图 6.11 中，在分析时可任意分配 I_1、I_2 和 I_3 的电流方向。如果想确定电流的实际方向，可利用正负号进行比对。例如，如果测量结果为正，则说明设定的电流方向与实际电流方向相同；如果结果为负，则说明实际电流方向与设定方向相反。在表 6.2 中，填写电路中各分支的实际电流大小及方向。

表 6.2　记录表 2

	自定义电流方向	测量电流值/mA	实际电流方向
V_{source}	由地至 a		
R_1	由 a 至 b		
R_2	由 b 至地		
R_3	由 c 至 b		
R_4	由地至 c		

姓名：________________

日期：________________

课程：________________

指导老师：________________

项目7

叠加定理

目标

（1）通过实验和计算了解叠加定理。

（2）在包含多个电源的电路上验证叠加定理。

（3）通过实验数据验证叠加定理的正确性。

设备需求

仪　器	元　件	工　具
面包板电源×2 数字式万用表	330Ω 电阻（1/4W）×1 1.2kΩ 电阻（1/4W）×1 5.1kΩ 电阻（1/4W）×1	面包板 导线 剥线钳

设备检查

小组成员检查上述仪器是否准备完毕，记录所使用仪器的型号（若无法确定可询问指导老师），并记录实验小组的编号。

设　备	型　号	实验小组
面包板电源×2 数字式万用表		

理论

叠加定理单独考虑每一个电源对电路的影响，首先将电压源设置为零（电压源短路）或者将电流源设置为零（电流源开路）以去除其他影响，然后将每一个电源在电路网络中产生的电流或者电压以代数方式相加。

叠加定理不适用于求解交流网络的等效功率，因为交流网络的功率有非线性关系，简而言之，就是两个或多个相同频率的交流电源所提供的功率之和不等于总功率。

如图 7.1 所示，电路中有两个电源，利用叠加定理，将电路分为两个子电路，而实现的办法就是将其中的一个电源关闭。关闭电源的方法如下：如果是电压源，则将该电压源的两端短路，使其成为一根导线；如果是电流源，则将该电流源的两端开路，使其成为一个断路。对于每个子电路来说，通过之前介绍的电路分析方法就可以对各部分求解，完整电路的求解则通过对每个子电路进行代数求和来实现。

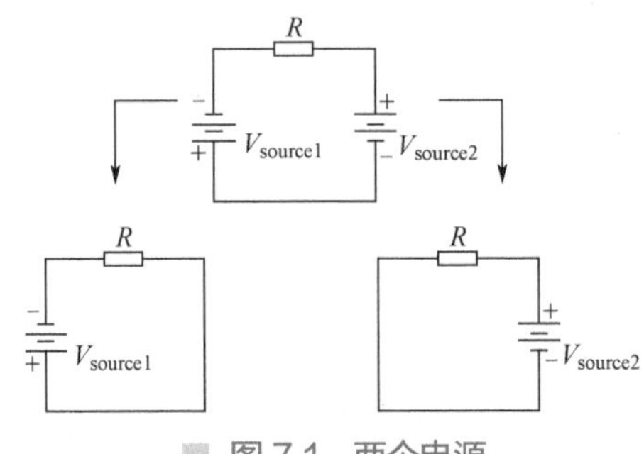

图 7.1　两个电源

例 7.1　使用叠加定理求出图 7.2 所示电路中通过电阻 R_2 的电流的大小。

解：首先确定 36V 电压源的影响，电流源用开路等效替换，如图 7.3 所示，结果为一个串联电路。

$$I_2' = \frac{E}{R_T} = \frac{E}{R_1 + R_2} = \frac{36V}{12\Omega + 6\Omega} = 2A$$

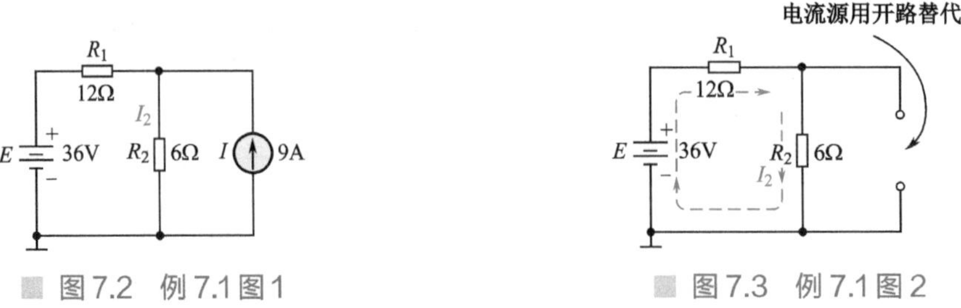

图 7.2　例 7.1 图 1　　图 7.3　例 7.1 图 2

其次确定电流源对该电路的影响，将 36V 电压源用短路等效替换，等效替换后的电路图如图 7.4 所示，这是一个电阻 R_1 和电阻 R_2 并联的电路。

$$I_2'' = \frac{R_1 I}{R_1 + R_2} = \frac{12\Omega \times 9A}{12\Omega + 6\Omega} = 6A$$

无论是电压源还是电流源都在同一方向对电阻 R_2 起作用。所以，如图 7.5 所示，电流 I_2 的大小等于两者同时作用在电阻 R_2 上的电流之和。

$$\begin{aligned} I_2 &= I_2' + I_2'' \\ &= 2\text{A} + 6\text{A} \\ &= 8\text{A} \end{aligned}$$

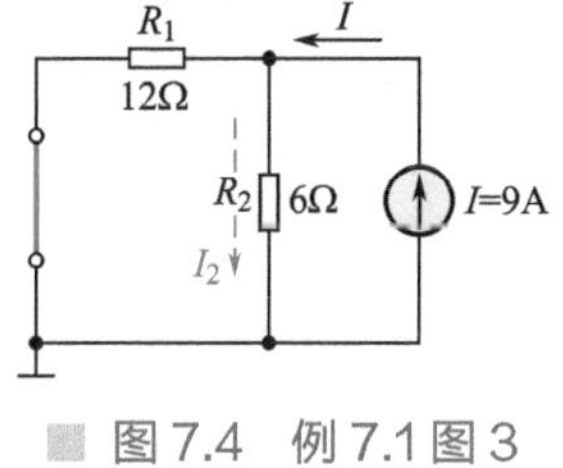

图 7.4　例 7.1 图 3

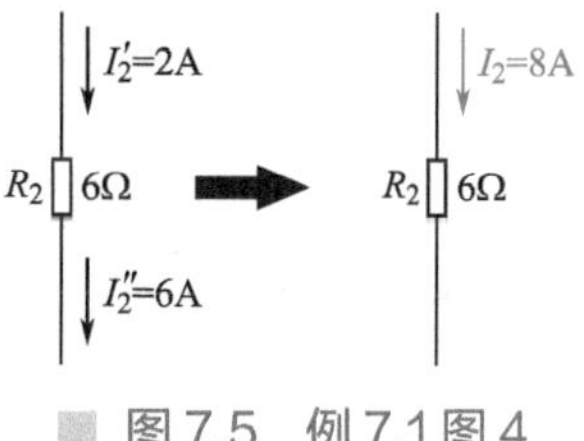

图 7.5　例 7.1 图 4

例 7.2　使用叠加定理分析如图 7.6 所示电路，并求出通过电阻 R_2 的电流。

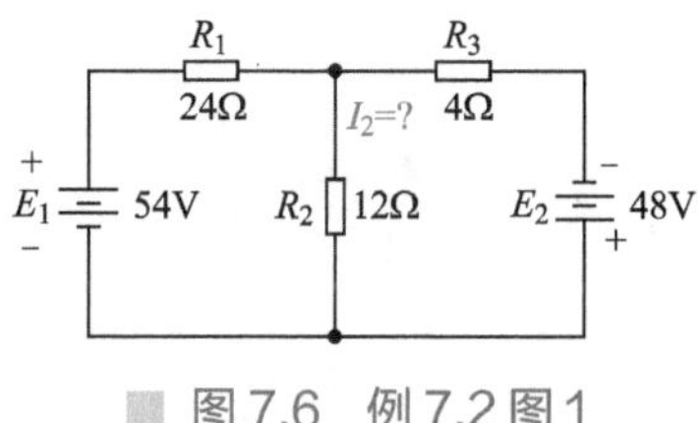

图 7.6　例 7.2 图 1

解：首先单独考虑 54V 电压源的影响，因此需要将 48V 电压源通过短路方式置零，此时得出如图 7.7 所示电路。

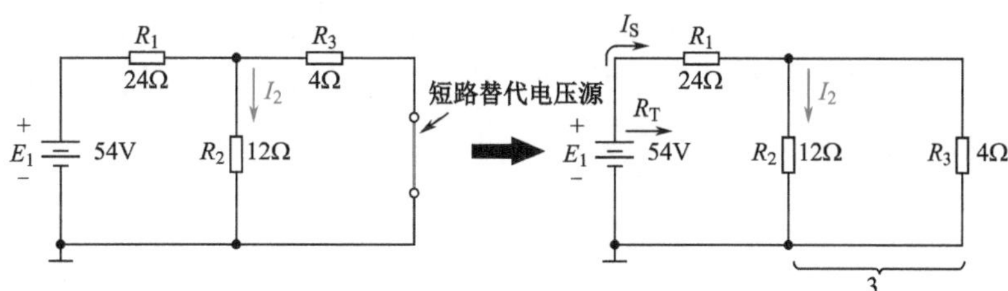

图 7.7　例 7.2 图 2

可以求出该电路的阻值为

$$\begin{aligned} R_T &= R_1 + R_2 \parallel R_3 \\ &= 24\Omega + 12\Omega \parallel 4\Omega \\ &= 24\Omega + 3\Omega \\ &= 27\Omega \end{aligned}$$

求出电流的大小：

$$I_S = \frac{E_1}{R_T} = \frac{54\text{V}}{27\Omega} = 2\text{A}$$

由电流分流规则可以得出 54V 电压源单独作用时通过 R_2 的电流为

$$I_2' = \frac{R_3 I_S}{R_3 + R_2} = \frac{4\Omega \times 2\text{A}}{4\Omega + 12\Omega} = 0.5\text{A}$$

单独考虑 48V 电压源的影响，此时将 54V 电压源置零，此时得出如图 7.8 所示电路。

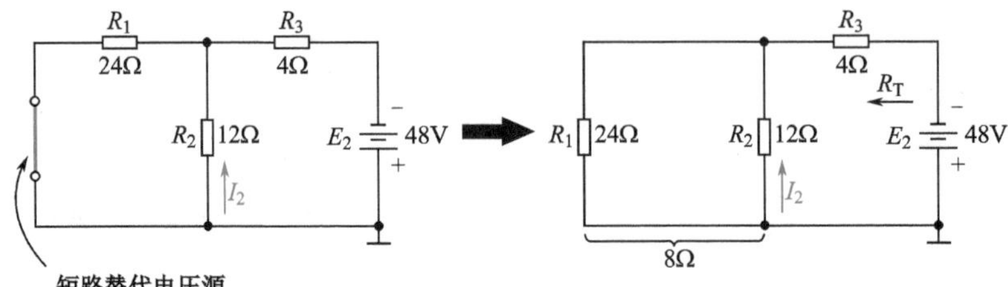

图 7.8 例 7.2 图 3

可以求出该电路的阻值为

$$\begin{aligned} R_T &= R_3 + R_2 \parallel R_1 \\ &= 4\Omega + 12\Omega \parallel 24\Omega \\ &= 4\Omega + 8\Omega \\ &= 12\Omega \end{aligned}$$

求出电流大小：

$$I_S = \frac{E_2}{R_T} = \frac{48\text{V}}{12\Omega} = 4\text{A}$$

由电流分流规则可以得出 48V 电压源单独作用时通过 R_2 的电流为

$$I_2'' = \frac{R_1 I_S}{R_1 + R_2} = \frac{24\Omega \times 4\text{A}}{24\Omega + 12\Omega} = 2.67\text{A}$$

由于两个电压源单独作用在电阻 R_2 上所产生的电流的方向是相反的，如图 7.9 所示，因此净电流为两者的差值。

$$I_2 = I_2'' - I_2' = 2.67\text{A} - 0.5\text{A} = 2.17\text{A}$$

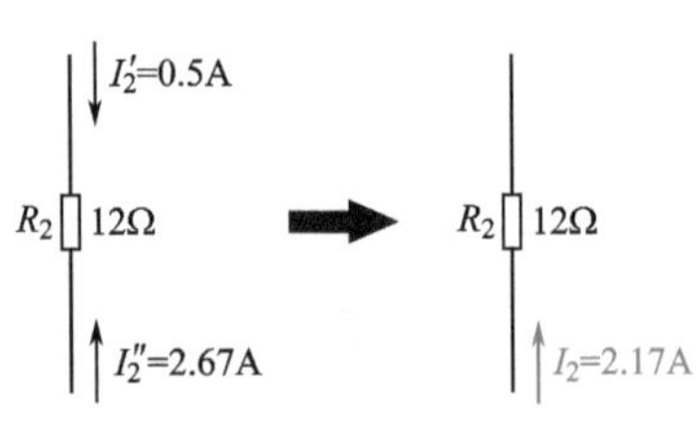

图 7.9 例 7.2 图 4

概览

在本项目中，将搭建一个含有两个电压源的电路。须利用叠加定理将电路分解为两个更简单的子电路，并依次对子电路进行计算。本项目包含两部分：第一部分，直接对电路进行测量；第二部分，应用叠加定理对电路求解，并通过理论计算得出与实验结果相符的结论。

步骤

1. 直接测量多电源电路

（1）使用两个电源在面包板上搭建如图 7.10 所示的电路。选用 R_1=1.2kΩ、R_2=5.1kΩ 和 R_3=330Ω 的电阻，然后测量电阻值。

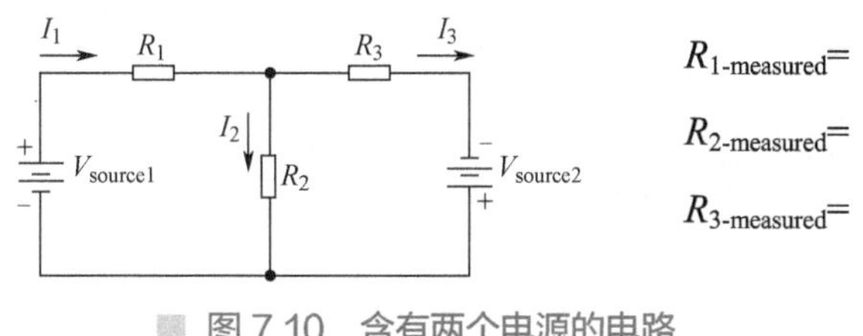

图 7.10　含有两个电源的电路

（2）开启两个电源，并设置 $V_{source1}$=10V 和 $V_{source2}$=6V。面包板电路可参考图 7.11。注意，对于 $V_{source2}$，需要用鳄鱼线和电源配合来提供电压，切勿直接将两个电源同时插入面包板，否则会导致电源反接。

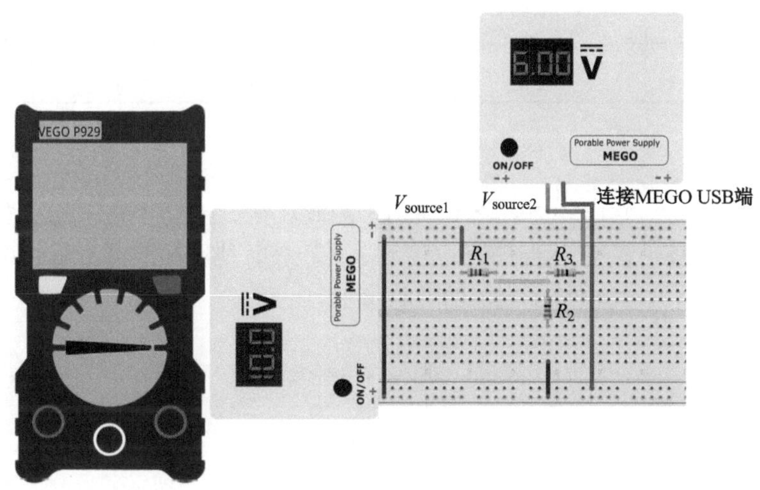

图 7.11　面包板电路

（3）使用数字式万用表进行电流测量，测量流经 R_1（1.2kΩ）的电流 I_1、流经 R_2（5.1kΩ）的电流 I_2、流经 R_3（330Ω）的电流 I_3。图 7.12 显示了测量 I_1 的方法，将测量结果记录在表 7.1 中。

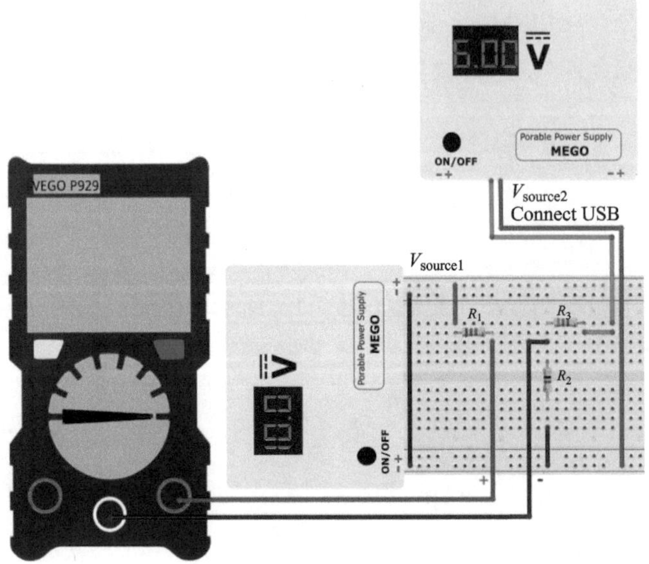

图 7.12　测量 I_1 的方法

表 7.1　记录表

测　　量	电流/mA	计　　算	电流/mA
I_1		I_1	
I_2		I_2	
I_3		I_3	

2. 用叠加定理计算

（1）通过将 $V_{source2}$ 短路的方式将其禁用，因此就得到了只含有 $V_{source1}$ 的子电路，如图 7.13 所示。使用基尔霍夫定律计算 i_1、i_2 和 i_3（计算时使用标准值，如 330Ω 是标准值，而 329.63Ω 是测量值）。写出每个电流的计算步骤。

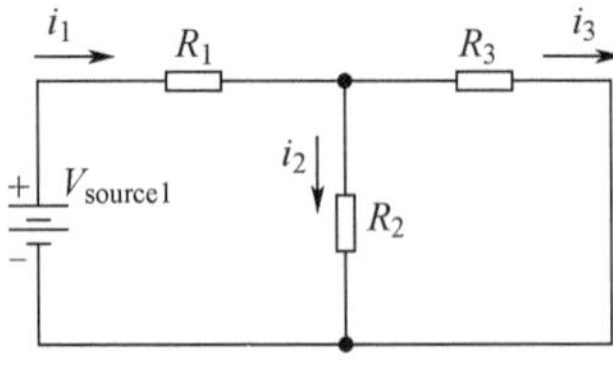

图 7.13　电源 $V_{source2}$ 短路

计算：

$i_{1\text{-calculated}}$ =________

$i_{2\text{-calculated}}$ =________

$i_{3\text{-calculated}}$ =________

（2）再将 V_{source1} 短路，得到第二个子电路，如图 7.14 所示。通过基尔霍夫定律求解 i_1'、i_2' 和 i_3'。仍然使用电阻标准值进行计算，写出计算步骤。

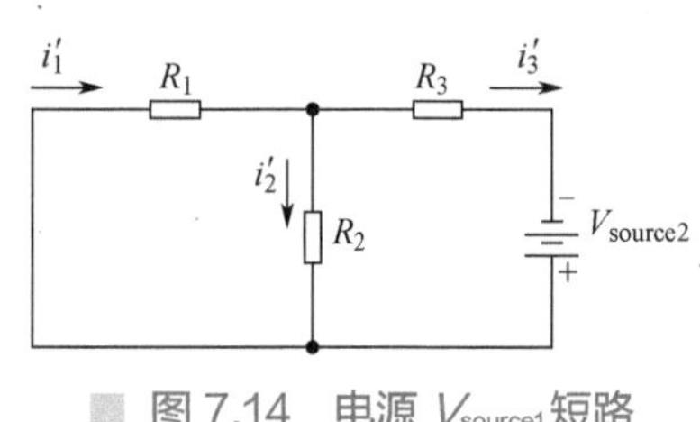

图 7.14　电源 V_{source1} 短路

计算：

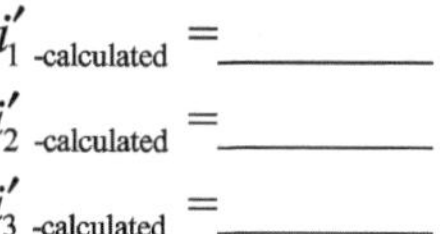

$i_{1\text{-calculated}}' =$ ________

$i_{2\text{-calculated}}' =$ ________

$i_{3\text{-calculated}}' =$ ________

（3）将两个子电路的计算结果进行代数求和，并将结果填在下方。

$I_1=i_1+i_1'=$ ________

$I_2=i_2+i_2'=$ ________

$I_3=i_3+i_3'=$ ________

将计算结果填入表 7.1 中。

练习

（1）对比表 7.1 中 I_1、I_2、I_3 的测量值和计算值，阐述得出的结论。

（2）假设一个电路有 5 个独立的电压源，从理论上讲，可以将其拆分成多少个子电路？在这里简单阐述求解该电路的方法及过程。

（3）图 7.15 所示电路含有三个独立电源，利用叠加定理分别画出简化后的子电路。

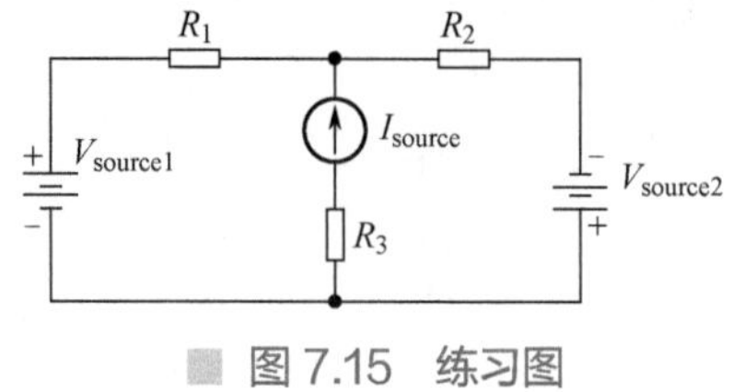

图 7.15 练习图

姓名：________________

日期：________________

课程：________________

指导老师：________________

戴维南定理

目标

（1）通过实验测量来验证戴维南定理。

（2）在实验过程中深刻理解戴维南等效电阻及戴维南等效电压的含义。

设备需求

仪　器	元　件	工　具
面包板电源 数字式万用表	1.0kΩ 电阻（1/4W）×1 1.2kΩ 电阻（1/4W)×1 2.0kΩ 电阻（1/4W）×1	面包板 导线 剥线钳

设备检查

小组成员检查上述仪器是否准备完毕，记录所使用仪器的型号（若无法确定可询问指导老师），并记录实验小组的编号。

设　备	型　号	实 验 小 组
面包板电源 数字式万用表		

理论

利用戴维南定理可以将一个复杂的电路转化成一个简单的电路进行分析及设计。它常用于分析具有非串联或并联电源的电路，能够减少在输出端建立相同特性所需的元件数量，在确定某个元件对电路的影响时，不需要在每次改变之后分析整个电路。戴维南定理指出，任何复杂的线性电路都可以通过一个电压源和一个电阻串联的模型来描述，这个等效的电压源和串联电阻称为戴维南电压和戴维南电阻，分别用 V_{th} 和 R_{th} 表示。一个基本的戴维南等效电路如图 8.1 所示。对于任何复杂的线性电路，假设在其中的任意两个节点处对电路进行测量，如图 8.1 中所示的 a 和 b 节点，那么从该端口所“看到”的电路就可以被化简。

使用戴维南定理的步骤如下。

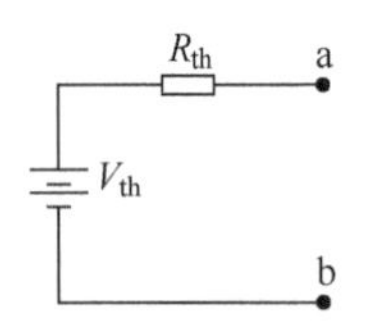

图 8.1　一个基本的戴维南等效电路

（1）移除电路网络中发现戴维南等效电路的部分。如图 8.2 所示，需要将负载电阻 R_L 暂时从网络中移除。

（2）在剩下的二端网络的终端上做标记。

（3）计算 R_{th} 。首先将所有电源设置为零（电压源用短路代替，电流源用开路代替），然后求两个标记终端之间的电阻阻值。但是电压源和/或电流源的内阻包含在原始电路中，此时 R_{th} 的计算要注意的是将电压源用短路代替，电流源用开路代替，计算电阻阻值时要加上内阻。

（4）计算 E_{th} 。将戴维南等效电路还原，确定标记终端之间的开路电压。

（5）画出戴维南等效电路，将之前移除的电路部分替换在等效电路的端口之间。这一步通过在戴维南等效电路的端口之间放置电阻器 R_L 来表示，如图 8.2 所示。

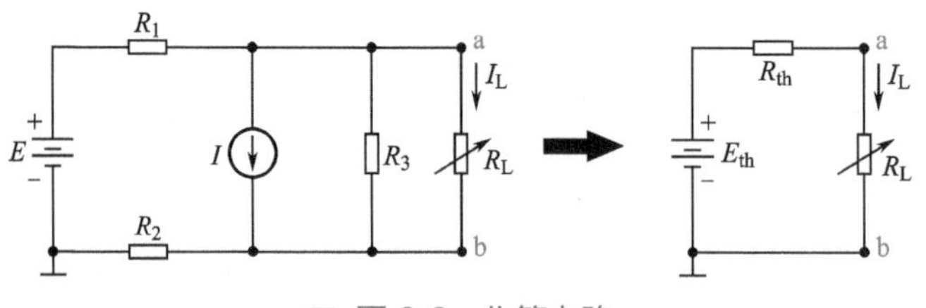

图 8.2　化简电路

例 8.1　在如图 8.3 所示电路中，试用戴维南定理求出在电阻 R_L 分别为 2Ω、10Ω 和 100Ω 时通过电流的大小。

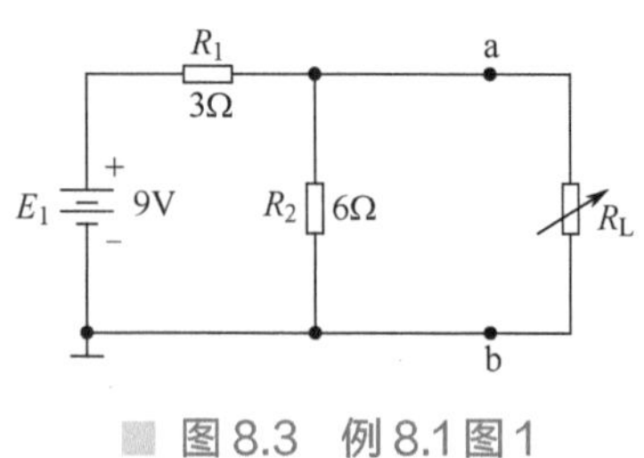

图 8.3　例 8.1 图 1

解：

第一步：

将 R_L 开路，两端连接处定义为 a、b 端口，如图 8.4 所示。

第二步：

使用短路替代电压源 E_1 ，此时从 a、b 端口看上去可以得到如图 8.5 所示的等效电路。

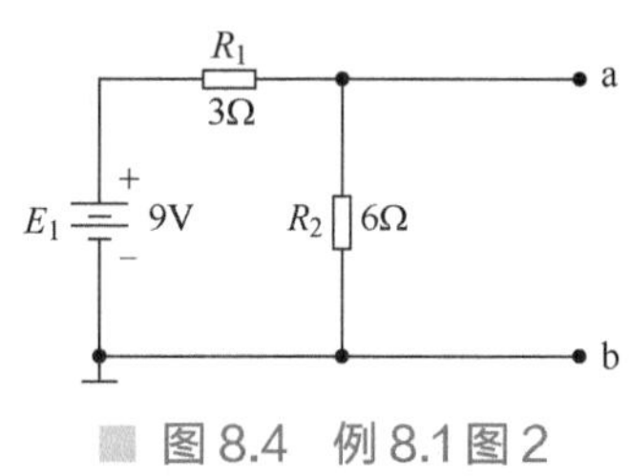

图 8.4　例 8.1 图 2

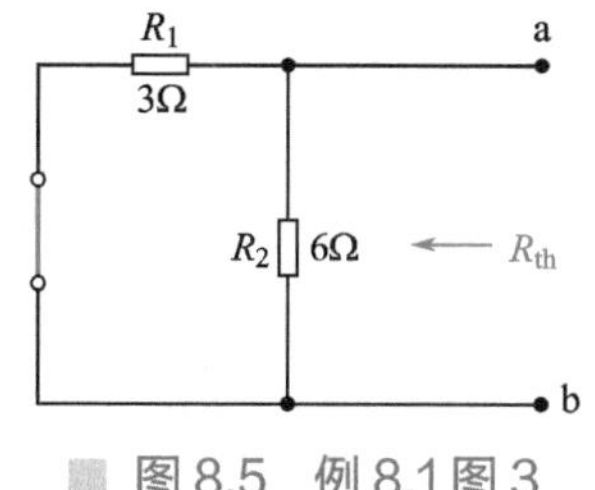

图 8.5　例 8.1 图 3

第三步：

如图 8.6 所示，将欧姆表两端分别接入 a、b 端口可以测量出戴维南电阻阻值。

$$R_{th}=R_1\parallel R_2=\frac{3\Omega\times6\Omega}{3\Omega+6\Omega}=2\Omega$$

第四步：

按照图 8.7 更换电压源，此时，开路电压 E_{th} 与 6Ω 电阻上的电压相同，根据分压法则可以得出：

$$E_{th}=\frac{R_2E_1}{R_2+R_1}=\frac{6\Omega\times9\text{V}}{6\Omega+3\Omega}=\frac{54\text{V}}{9}=6\text{V}$$

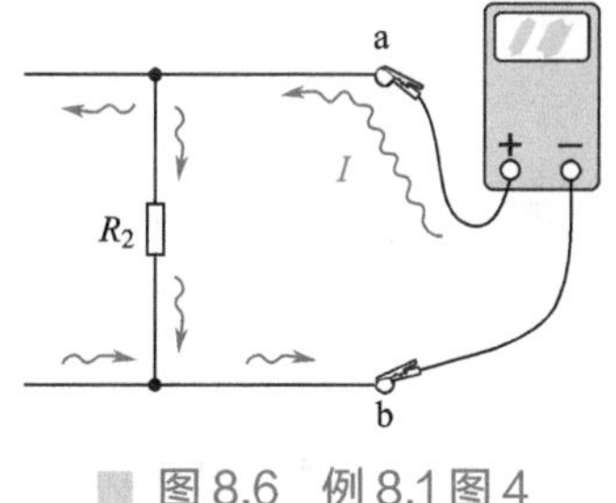

图 8.6　例 8.1 图 4

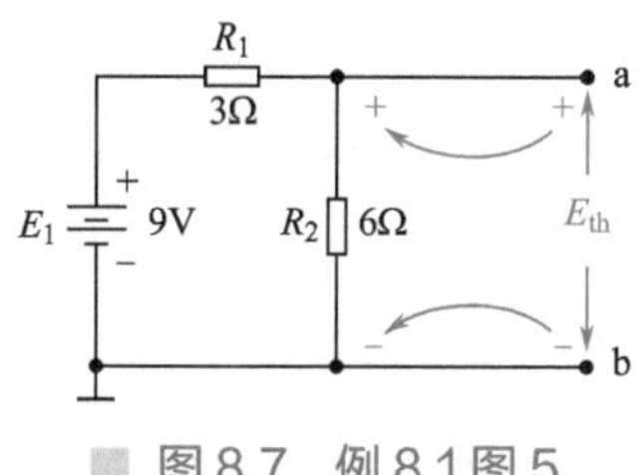

图 8.7　例 8.1 图 5

需要注意的是 E_{th} 是 a 和 b 之间的开路电压，开路可以有电压，电流为零。使用电压表测量 E_{th}，如图 8.8 所示，由于 R_{th} 与 R_2 并联，因此直接将电压表两端接到电阻 R_2 两端测量即可。

根据图 8.9 列出下面的式子：

$$I_L=\frac{E_{th}}{R_{th}+R_L}$$

$$R_L=2\Omega\text{：}I_L=\frac{6\Omega}{2\Omega+2\Omega}=1.5\text{A}$$

$$R_L=10\Omega\text{：}I_L=\frac{6\Omega}{2\Omega+10\Omega}=0.5\text{A}$$

$$R_L=100\Omega\text{：}I_L=\frac{6\Omega}{2\Omega+100\Omega}=0.06\text{A}$$

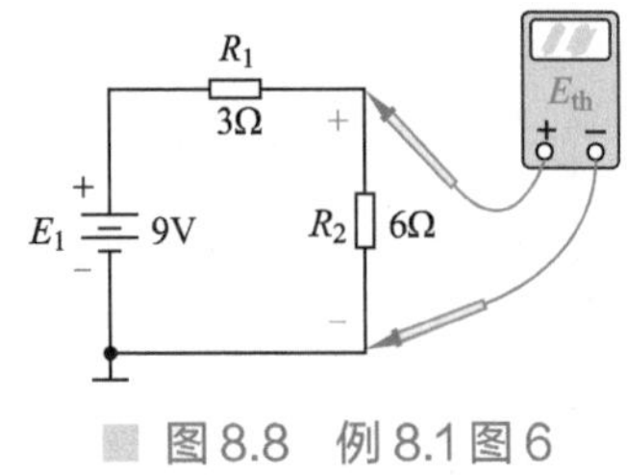

图 8.8　例 8.1 图 6

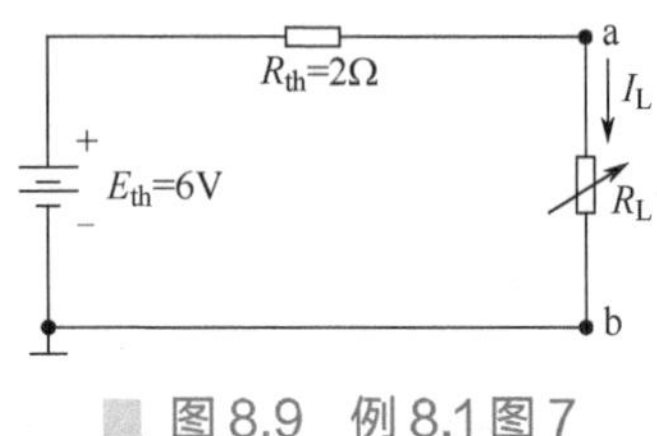

图 8.9　例 8.1 图 7

例 8.2　试用戴维南定理分析如图 8.10 所示电路，找出电路中的戴维南等效电路。

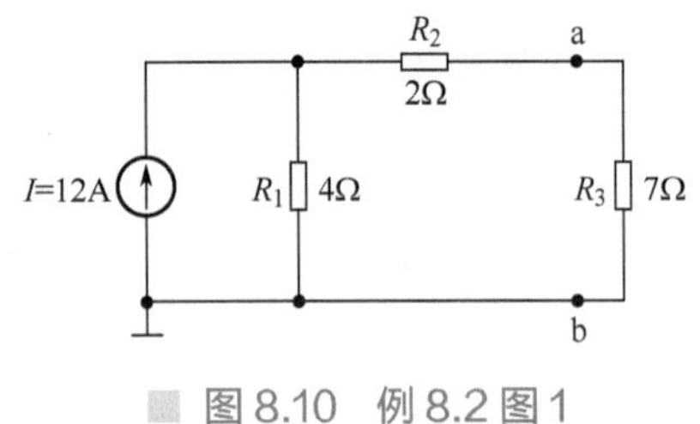

图 8.10　例 8.2 图 1

解：

第一步：

将 7Ω 电阻开路，定位端口 a、b，如图 8.11 所示。

第二步：

将电流源开路，得到如图 8.12 所示电路。可以得出 a、b 两端的电阻阻值为 R_1 和 R_2 串联的阻值：

$$R_{th} = R_1 + R_2 = 4\Omega + 2\Omega = 6\Omega$$

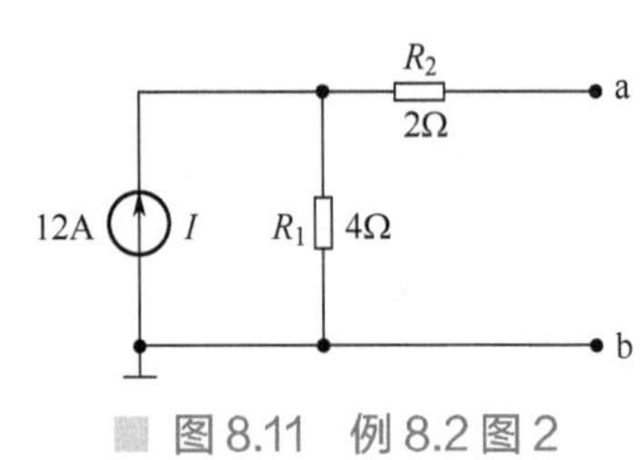

图 8.11　例 8.2 图 2

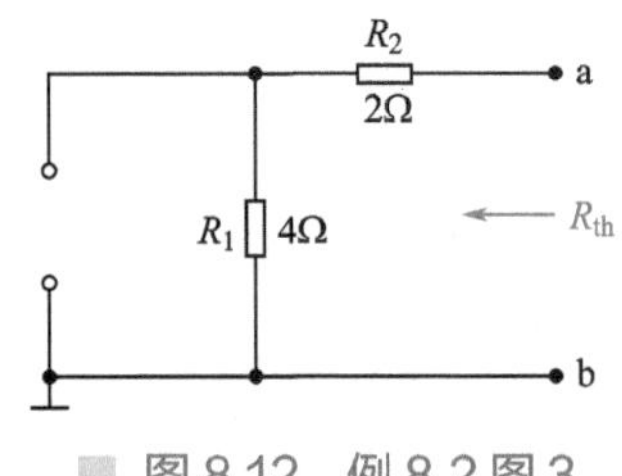

图 8.12　例 8.2 图 3

第三步：

如图 8.13 所示，由于具有标记的终端之间开路，因此 a、b 之间没有电流流过，所以通过电阻 R_2 的电流为零。此时的压降为

$$V_2 = I_2 R_2 = 0$$

第四步：

如图 8.14 所示，由于 R_{th} 与 R_1 并联，电阻 R_1 的电压可以由下列公式计算得出：

$$\begin{aligned} E_{th} &= V_1 = I_1 R_1 = IR_1 \\ &= 12\text{A} \times 4\Omega = 48\text{V} \end{aligned}$$

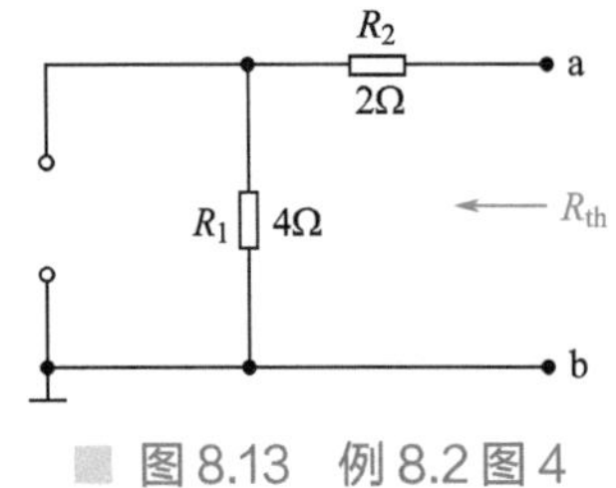

图 8.13　例 8.2 图 4

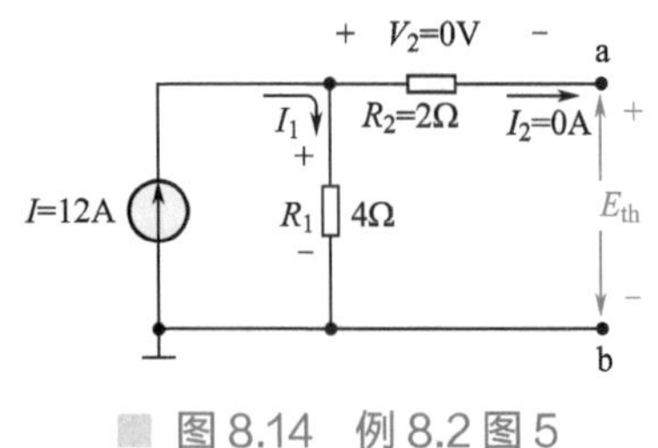

图 8.14　例 8.2 图 5

最后，即可画出戴维南等效电路，如图 8.15 所示。

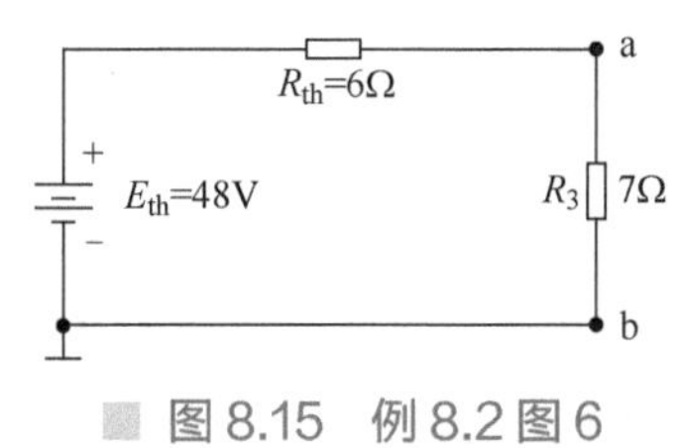

图 8.15 例 8.2 图 6

概览

戴维南定理的价值在于对复杂电路进行抽象化的化简。在第一部分实验中，将搭建图 8.16（a）所示的电路。接下来，选择任意两个节点（如 a 和 b）作为观察点，并由此确定所能观察到的戴维南等效电路，如图 8.16（b）所示。请注意，选择的观察点不同会导致所对应的戴维南等效电路有所不同，如同从不同角度观察物体，所观察到的结果也有区别。在第二部分实验中，将介绍戴维南等效电路的理论模型构建和计算方法。

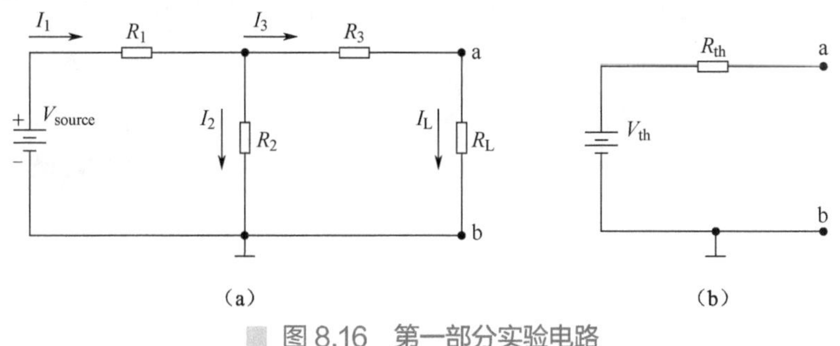

图 8.16 第一部分实验电路

步骤

1. 通过测量得出 V_{th} 和 R_{th}

（1）在面包板上搭建图 8.17 所示电路，选用 R_1=1.0kΩ，R_2=2.0kΩ，R_3=1.2kΩ，R_L=1.0kΩ，将 V_{source} 设置为 12V。本实验中将使用 a、b 端口作为观察点，因此要注意它们在面包板电路中的对应位置。

（2）下面需要确定戴维南电压 V_{th}，此时要将 a、b 端口设置为断路，因此需要将图 8.17 中的 R_L 移除，移除后的电路如图 8.18（a）所示。此时将数字式万用表调成电压模式，就可以直接测出戴维南电压 V_{th}（即开路电压）。测试方法如图 8.18（b）所示，将测量值记录在表 8.1 中。

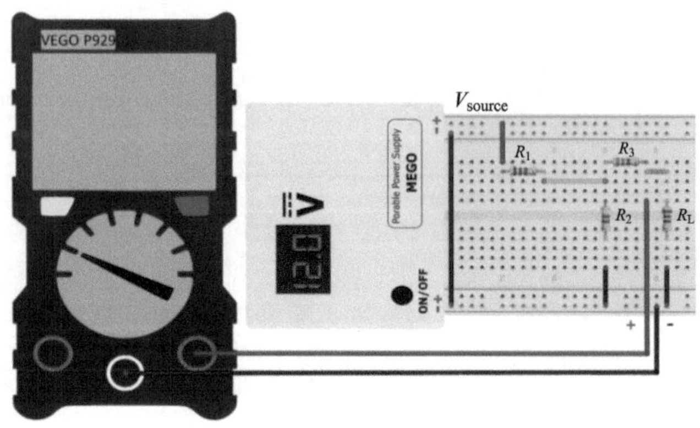

图 8.17　面包板电路

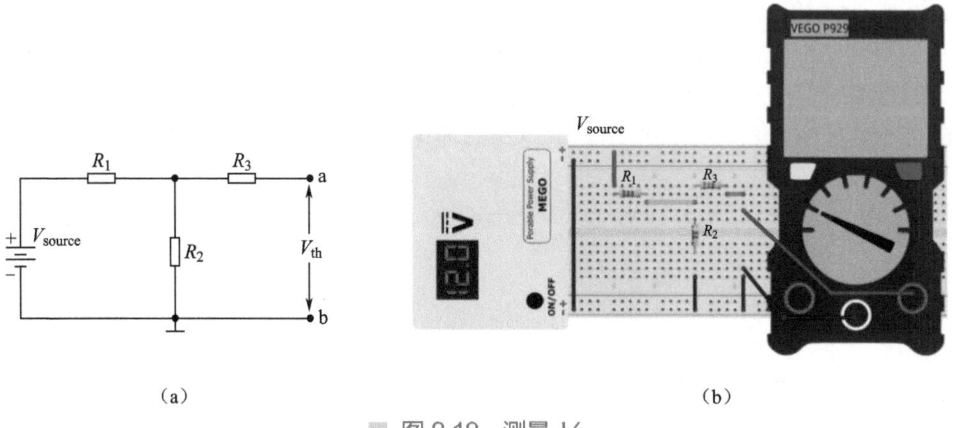

（a）　　　　（b）

图 8.18　测量 V_{th}

（3）接下来需要确定戴维南电阻 R_{th}，移去电源，并构建如图 8.19（a）所示的电路，面包板布局可以参考图 8.19（b），注意短路的部分。此时直接测量戴维南电阻 R_{th}，将测量结果记录在表 8.1 中。

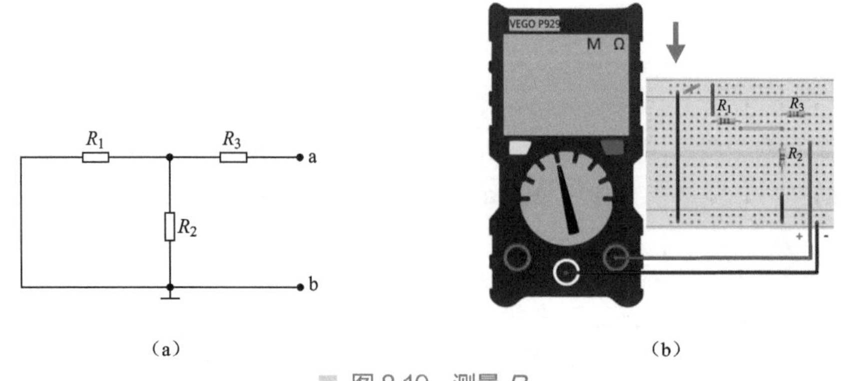

（a）　　　　（b）

图 8.19　测量 R_{th}

2. 通过理论方法求 V_{th} 和 R_{th}

（1）回顾图 8.16（a），选择 a 和 b 作为观察点，因此需要在 a、b 端口构建戴维南等效电路。

（2）移除 a、b 之间的 R_L 后，a、b 端口形成开路，如图 8.20 所示。

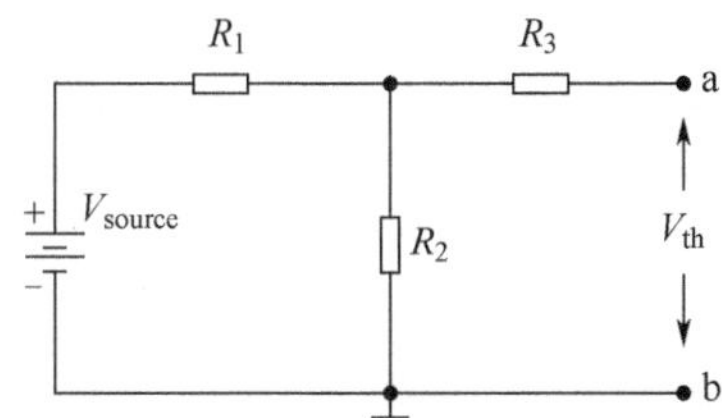

图 8.20　R_L 被移除使 a、b 端口变为开路

（3）戴维南电压实际上就是 a 和 b 之间的开路电压，也就是图 8.18 中的 V_{th}，计算 V_{th} 并将结果记录在表 8.2 中。将计算过程写在下方。

计算：

（4）接下来需要确定戴维南电阻，将电压源禁用，使其两端短路，这时可以得到图 8.21 所示的电路。通过 a、b 端口计算出左侧的等效电阻阻值，该值就是戴维南电阻 R_{th}。将计算过程写在下方。

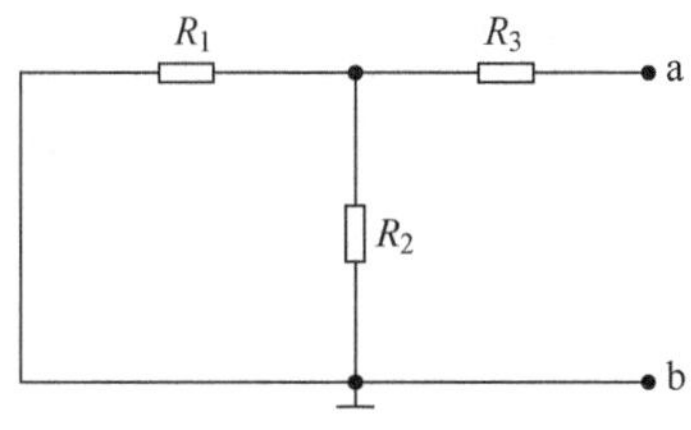

图 8.21　确定戴维南电阻

计算：

表 8.1　记录表 1

$V_{th\text{-}measured}$	
$R_{th\text{-}measured}$	

表 8.2　记录表 2

$V_{th\text{-}measured}$	
$R_{th\text{-}measured}$	

练习

（1）对于图 8.17，更改元件，使 R_1=2.0kΩ，R_2=2.0kΩ，R_3=3.7kΩ，R_L=1.0kΩ，V_{source}=10V，如果选择与之前相同的观察点 a 和 b，那么新的 V_{th} 和 R_{th} 是多少？

计算：

（2）对于图 8.22 所示电路，R_1=2.0kΩ，R_2=2.0kΩ，R_3=3.7kΩ，R_L=1.0kΩ，V_{source}=12V，确定 V_{th} 和 R_{th} 的值并绘制戴维南等效电路。

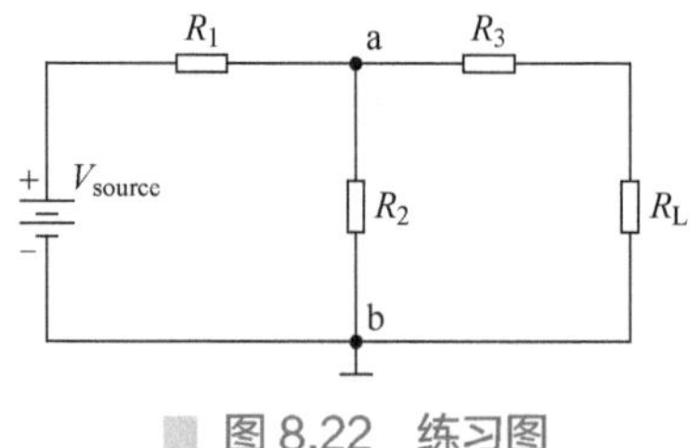

图 8.22　练习图

计算：

姓名：________

日期：________

课程：________

指导老师：________

最大功率传输定理

目标

（1）通过实验方法了解最大功率传输定理。

（2）在实验中验证：当满足 $R_L=R_{th}$ 时，电路的功率达到最大值。

设备需求

仪　器	元　件	工　具
面包板电源 数字式万用表	1.0kΩ 电阻（1/4W）×1 10kΩ 电阻（1/4W）×1	面包板 导线 剥线钳

设备检查

小组成员检查上述仪器是否准备完毕，记录所使用仪器的型号（若无法确定可询问指导老师），并记录实验小组的编号。

设　备	型　号	实验小组
面包板电源 数字式万用表		

理论

在设计电路时，通常会考虑应该设置多大的负载，从而确保负载从系统中接收的功率最大。也要考虑对于特定的负载，应该在电路中设置多大的电源，使得负载获得最大的功率。

只要掌握了最大功率传输定理，从特定系统中找到接收最大功率的负载就较为简单，该定理指出：当负载的电阻刚好等于应用于负载的戴维南电阻时，负载将接收最大功率。如图 9.1 所示，当图中负载设置为与戴维南电阻阻值相同时，负载将从网络中获得最大功率，也就是说：

$$R_L = R_{th}$$

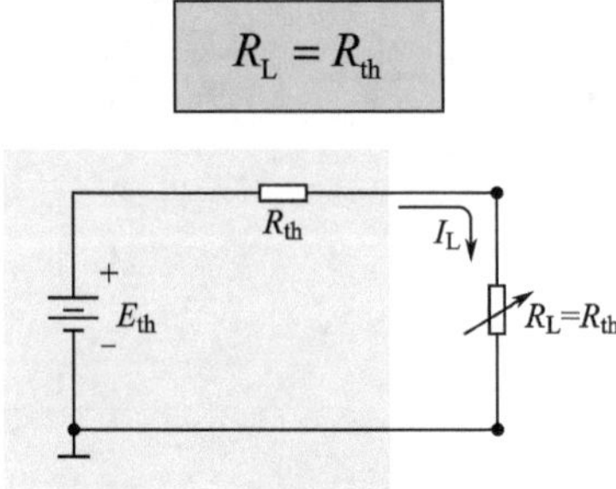

图 9.1　最大功率传输示意图 1

换句话说，对于图 9.2 中的戴维南等效电路，当负载的电阻等于戴维南电阻时，负载将从网络中获得最大功率。

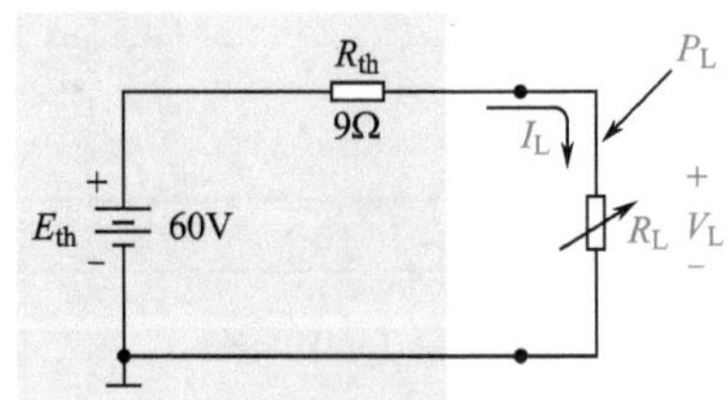

图 9.2　最大功率传输示意图 2

当图 9.2 中的 $R_L = R_{th}$ 时，可以确定输送到负载的最大功率。首先确定电流的大小：

$$I_L = \frac{E_{th}}{R_{th} + R_L} = \frac{E_{th}}{2R_{th}}$$

然后将其代入功率方程：

$$P_L = {I_L}^2 R_L = \left(\frac{E_{th}}{2R_{th}}\right)^2 R_{th} = \frac{{E_{th}}^2 R_{th}}{4{R_{th}}^2}$$

化简后得到：

$$P_{LMAX} = \frac{{E_{th}}^2}{4R_{th}}$$

而下面的验证过程表明：当负载的电压和电流为其最大值的二分之一时，会出现最大功率传输。

对于图 9.2 所示电路，通过负载的电流由下式确定：

$$I_L = \frac{E_{th}}{R_{th} + R_L} = \frac{60V}{9\Omega + R_L}$$

负载电压为

$$V_L = \frac{R_L E_{th}}{R_L + R_{th}} = \frac{R_L \times 60V}{R_L + R_{th}}$$

功率为

$$P_L = I_L^2 R_L = \left(\frac{60V}{9\Omega + R_L}\right)^2 R_L$$

当 R_L 在一定范围内变化时，就会得到表 9.1 中的对比结果。从表中可以看出，当 R_L 等于戴维南电阻（9Ω）时，功率达到最大值 100W，电流为 3.33A，负载上的电压为 30V，由此可以得出，当负载的电阻等于戴维南电阻时，最大功率被转移到负载上。

表 9.1　对比结果

R_L/Ω	P_L/W	I_L/A	V_L/V
0.1	4.35	6.60	0.66
0.2	8.51	6.52	1.30
0.5	19.94	6.32	3.16
1	36.00	6.00	6.00
2	59.50	5.46	10.91
3	75.00	5.00	15.00
4	85.21	4.62	18.46
5	91.84	4.29	21.43
6	96.00	4.00	24.00
7	98.44	3.75	26.25
8	99.65	3.53	28.23
9（R_{th}）	100.00（最大）	3.33（I_{max}/2）	30.00（E_{th}/2）
10	99.72	3.16	31.58
11	99.00	3.00	33.00
12	97.96	2.86	34.29
13	96.69	2.73	35.46
14	95.27	2.61	36.52
15	93.75	2.50	37.50
16	92.16	2.40	38.40
17	90.53	2.31	39.23
18	88.89	2.22	40.00
19	87.24	2.14	40.71
20	85.61	2.07	41.38
25	77.86	1.77	44.12

续表

R_L/Ω	P_L/W	I_L/A	V_L/V
30	71.00	1.54	46.15
40	59.98	1.22	48.98
100	30.30	0.55	55.05
500	6.95	0.12	58.94
1000	3.54	0.06	59.47

图 9.3 表明了负载功率与阻值的关系。从图中可以看出，对于小于戴维南电阻的负载电阻，在接近峰值时，其变化较大，而大于戴维南电阻时其下降是非常缓慢的。可以得出以下结论：如果施加的负载电阻小于戴维南电阻，则负载的功率会随着阻值减小而迅速下降。如果施加的负载电阻大于戴维南电阻，则负载的功率不会随着阻值增大而迅速下降。

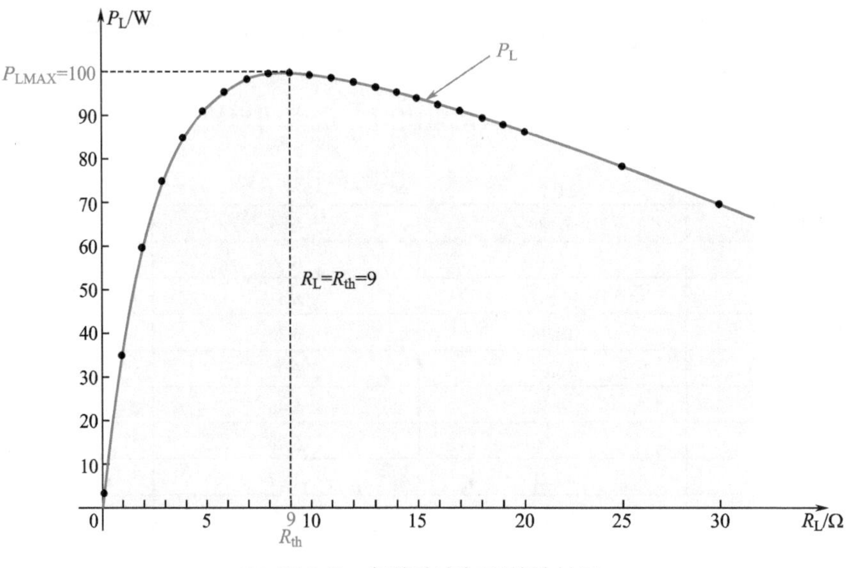

图 9.3　负载功率与阻值的关系

用对数比例绘制的负载功率与阻值的关系如图 9.4 所示。R_L 值之间的距离不是线性的。采用对数比例的优点是可以在相对较小的图形上绘制较宽的阻值范围。

在图 9.4 中可以注意到，该曲线是对称的。阻值为 0.1Ω 时，功率已经下降到 1000Ω 时的水平。而阻值力 1Ω 和 100Ω 时，功率下降到 30W 附近。

以上所有讨论都集中在负载功率上，需要记住以下几点。

- E_{th} 提供的总功率被戴维南电阻和负载电阻吸收。
- 电源提供的任何未到达负载的功率都会因戴维南电阻而损失。

将工作效率定义为提供给负载的功率与电源提供的功率之比：

$$\eta = \frac{P_L}{P_S} \times 100\%$$

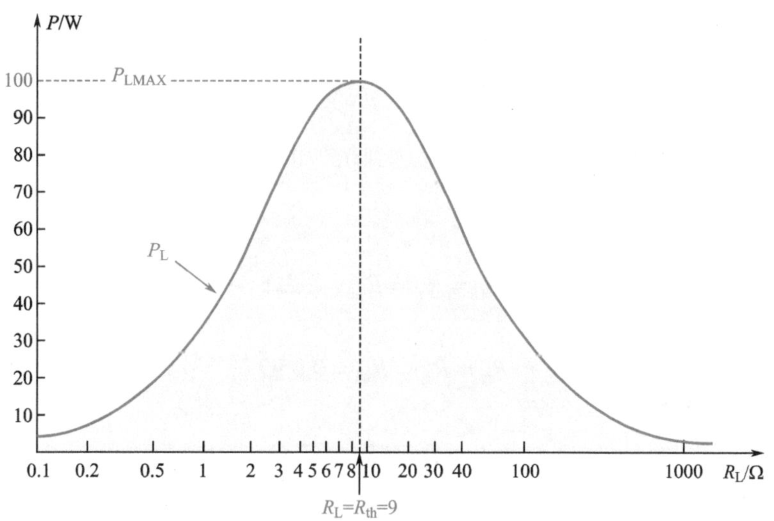

图 9.4　用对数比例绘制的负载功率与阻值的关系

当 $R_L = R_{th}$ 时，

$$\eta = \frac{I_L{}^2 R_L}{I_L{}^2 R_T}\times 100\% = \frac{R_L}{R_T}\times 100\% = \frac{R_{th}}{R_{th}+R_{th}}\times 100\%$$

$$= \frac{R_{th}}{2R_{th}}\times 100\% = 50\%$$

对于图 9.1 所示电路，绘制工作效率与负载电阻的关系图，如图 9.5 所示。

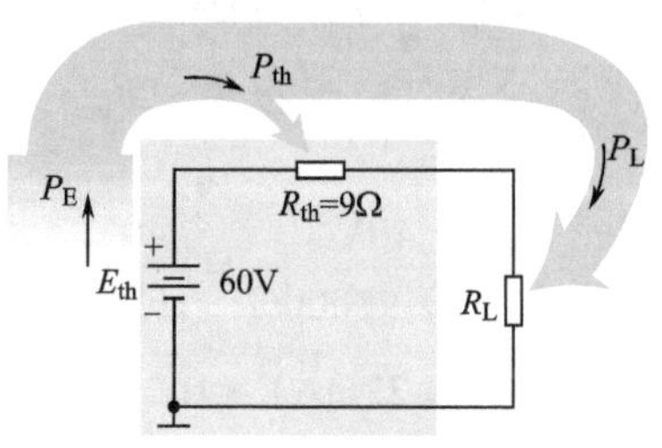

图 9.5　工作效率与负载电阻的关系图

例 9.1　如图 9.6 所示，一个直流发电机、电池和实验室电源分别被连接到电阻负载 R_L 上。

（1）确定每一个 R_L 的值，以实现对 R_L 的最大功率传输。

（2）在最大功率条件下，电流和负载的功率是多少？

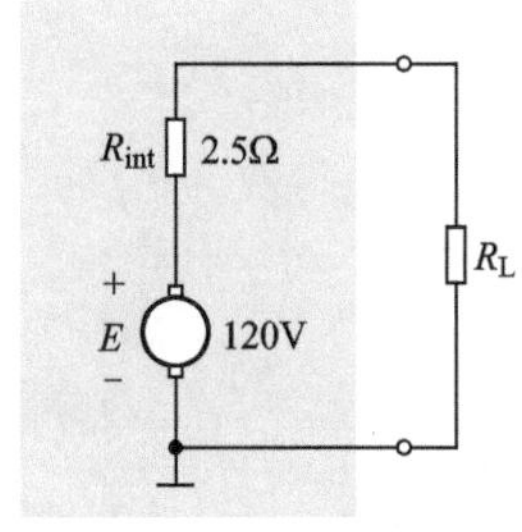

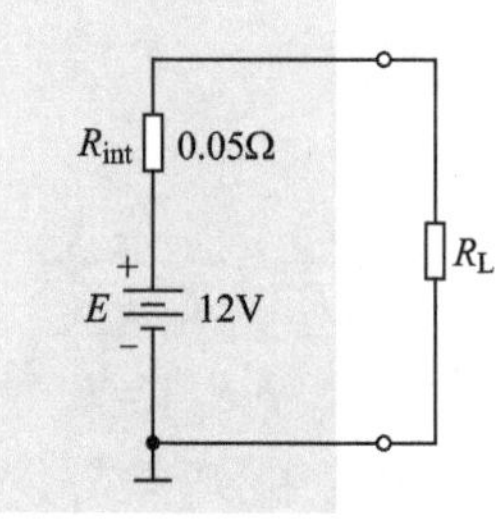

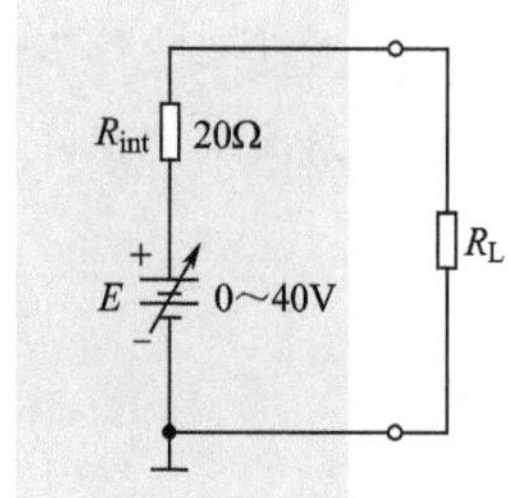

图 9.6　例 9.1 图

（3）每种电源的工作效率是多少？

（4）如果一个 1kΩ 的负载被施加到实验室电源上，送到负载上的功率是多少？工作效率如何？

（5）对于每个电源，确定 R_L 的值，以达到 75%的工作效率。

解：

（1）对于直流发电机：

$$R_L = R_{th} = R_{int} = 2.5\Omega$$

对于电池：

$$R_L = R_{th} = R_{int} = 0.05\Omega$$

对于实验室电源：

$$R_L = R_{th} = R_{int} = 20\Omega$$

（2）对于直流发电机：

$$P_{LMAX} = \frac{{E_{th}}^2}{4R_{th}} = \frac{E^2}{4R_{int}} = \frac{(120\text{V})^2}{4\times 2.5\Omega} = 1.44\text{kW}$$

对于电池：

$$P_{LMAX} = \frac{{E_{th}}^2}{4R_{th}} = \frac{E^2}{4R_{int}} = \frac{(12\text{V})^2}{4\times 0.05\Omega} = 720\text{W}$$

对于实验室电源：

$$P_{LMAX} = \frac{{E_{th}}^2}{4R_{th}} = \frac{E^2}{4R_{int}} = \frac{(40\text{V})^2}{4\times 20\Omega} = 20\text{W}$$

（3）它们都在 50%的工作效率下运行，因为 $R_L = R_{th}$。

（4）负载的功率如下：

$$I_L = \frac{E}{R_{int} + R_L} = \frac{40\text{V}}{20\Omega + 1000\Omega} = \frac{40\text{V}}{1020\Omega} = 39.22\text{mA}$$

$$P_L = {I_L}^2 R_L = (39.22\text{mA})^2 \times 1000\Omega = 1.54\text{W}$$

工作效率是

$$\eta = \frac{P_L}{P_S}\times 100\% = \frac{1.54\text{W}}{EI_S}\times 100\% = \frac{1.54\text{W}}{40\text{V}\times 39.22\text{mA}}\times 100\%$$

$$= \frac{1.54\text{W}}{1.57\text{W}}\times 100\% = 98.09\%$$

明显高于在最大功率条件下达到的水平。

（5）对于直流发电机：

$$\eta = \frac{P_O}{P_S} = \frac{R_L}{R_{th} + R_L}$$

$$\eta(R_{th} + R_L) = R_L$$

$$\eta R_{th} + \eta R_L = R_L$$

$$R_L(1-\eta) = \eta R_{th}$$

$$R_L = \frac{\eta R_{th}}{1-\eta}$$

$$R_L = \frac{0.75 \times 2.5\Omega}{1-0.75} = 7.5\Omega$$

对于电池：

$$R_L = \frac{0.75 \times 0.05\Omega}{1-0.75} = 0.15\Omega$$

对于实验室电源：

$$R_L = \frac{0.75 \times 20\Omega}{1-0.75} = 60\Omega$$

概览

本项目将通过构建如图 9.7 所示的简单电路来验证最大功率传输定理，接入不同阻值的负载，通过绘制功率曲线来判断输出功率的最大值。

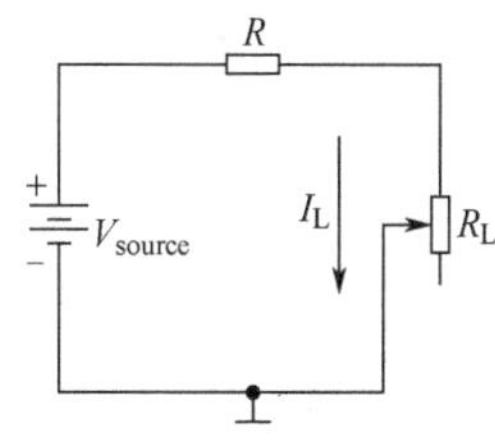

图 9.7　带负载 R_L 的简单串联电路

步骤

（1）在面包板上搭建图 9.8 所示电路，将电源调至 8V，选用 R=1.0kΩ。对于负载 R_L，使用电位计进行实验。注意，电位计通常不具有较大的额定功率，因此本项目的设计要确保 R_L 的功率在一个安全的范围内。

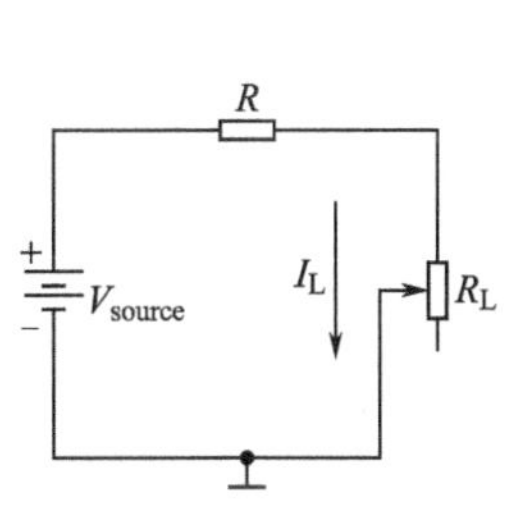

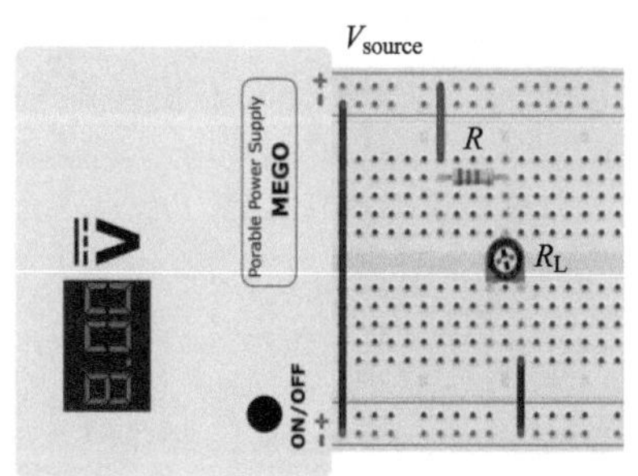

图 9.8　简单串联电路及面包板电路

（2）通过螺丝刀可以调节 R_L 的阻值，将 R_L 依次调节为表 9.2 所列出的阻值，并将实际测量的 $V_{RL\text{-}Measured}$ 填写在表 9.2 中。

（3）通过以下公式计算出负载消耗的功率，并依次填入表 9.2。

$$P_L = \frac{V_{RL\text{-}Measured}^{\ 2}}{R_L}$$

表 9.2　记录表

R_L/Ω	$V_{RL\text{-}Measured}$/V	P_L/W
200Ω		
400Ω		
600Ω		
800Ω		
1000Ω		
1200Ω		
1400Ω		
1600Ω		
1800Ω		
2000Ω		

（1）如图 9.9 所示为一个较为复杂的电路，该电路中接入了一个负载 R_L。根据所学的内容，在计算最大功率时，通常使用一个电压源与电阻串联的模型。回忆之前所学的内容，右侧的等效电路还有什么名称？右侧电路中的 R 还有什么名称？

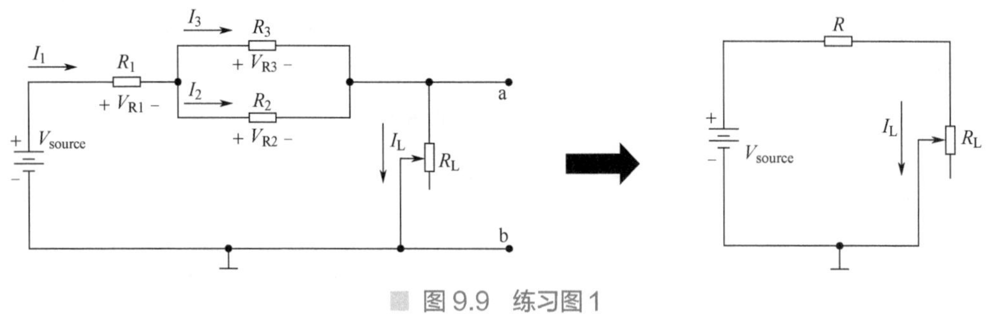

图 9.9　练习图 1

（2）对于一个戴维南等效电路来说，当接入负载 R_L 时，R_L 为何值，整个电路的传输功率最大？

（3）假设负载所消耗的功率为 P_L，而电压源的输出功率为 P_{source}。参照图 9.9 中的电路，当负载达到最大功率时，求出 P_L 和 P_{source} 之间的关系。提示：可以使用瓦特定律。

（4）观察图 9.10 所示曲线（纵轴为负载功率，横轴为负载阻值）。在图中找到功率最大时对应的负载阻值。如果将负载功率减小到最大功率的 50%，则 R_L 的取值是多少？

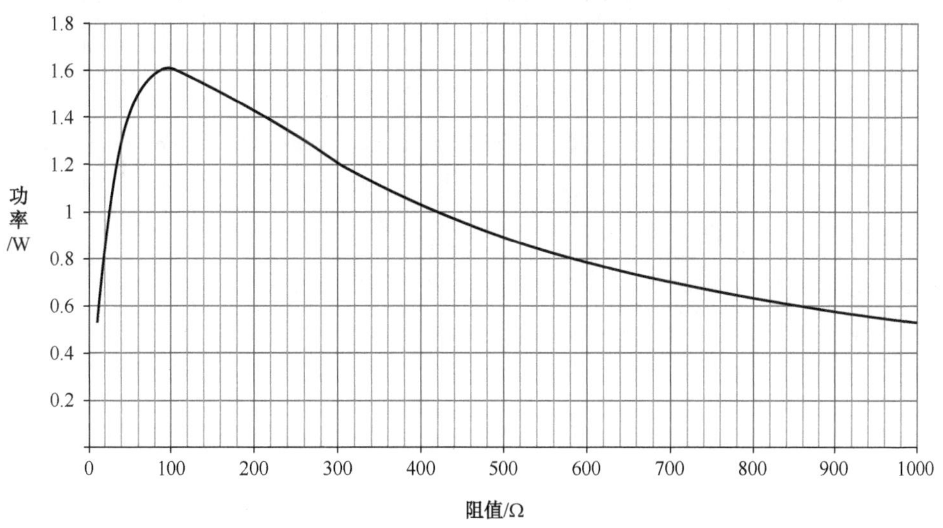

图 9.10　练习图 2

（5）将表 9.1 中的数据在下方绘制成图（图 9.11），可自定义横轴与纵轴的单位。

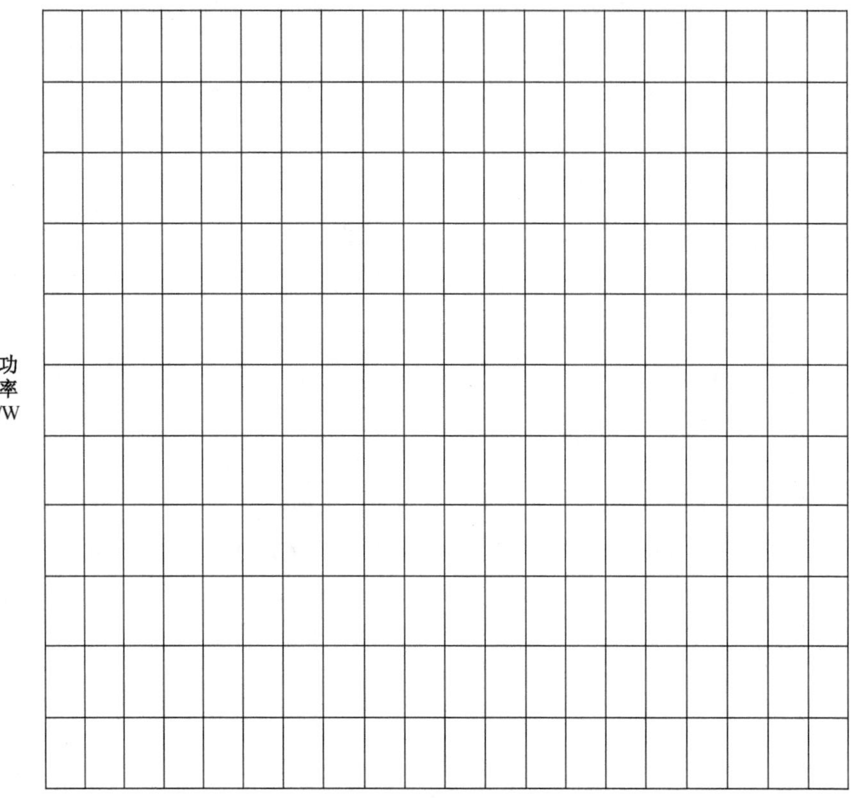

图 9.11　练习图 3

项目10

姓名：

日期：

课程：

指导老师：

诺顿定理

目标

（1）通过实验来理解诺顿定理。

（2）计算诺顿等效电路的 I_N 和 R_N。

设备需求

仪　器	元　件	工　具
面包板电源 数字式万用表	100Ω 电阻（1/4W）×1 200Ω 电阻（1/4W）×1 330Ω 电阻（1/4W）×1 3.3kΩ 电阻（1/4W）×1	面包板 导线 剥线钳

设备检查

小组成员检查上述仪器是否准备完毕，记录所使用仪器的型号（若无法确定可询问指导老师），并记录实验小组的编号。

设　备	型　号	实验小组
面包板电源 数字式万用表		

理论

诺顿定理指出，任何复杂的线性电路都可以等效为一个电流源并联一个电阻的结构，如图 10.1 所示。不难看出，诺顿定理和戴维南定理相似，当从 a、b 端口进行观察时，简化后的诺顿等效电路与原来的复杂电路在电气属性上应当是一致的。

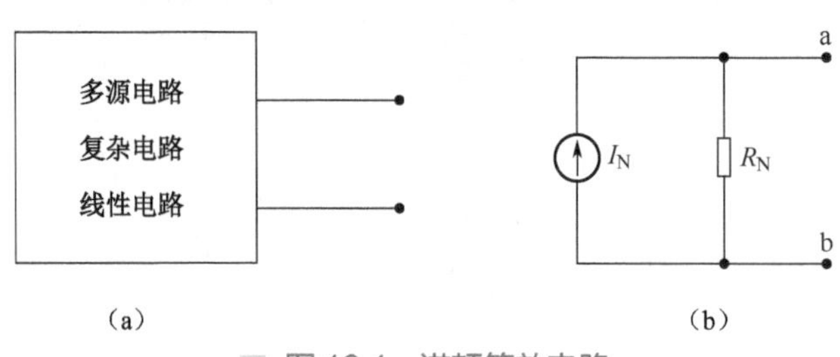

图 10.1 诺顿等效电路

在图 10.1（b）中，诺顿等效电路的一部分是诺顿电流（I_N），该电流实际上就是将端口 a 和 b 短路后，流经该短路路径的电流；另一部分是诺顿电阻（R_N），它与戴维南电阻（R_{th}）相同，都需要将所有独立电源禁用后测量得出。

关于戴维南等效电路的讨论也可以应用于诺顿等效电路。

（1）找到指定的端口，并将该端口设置成开路。

（2）求 R_N。首先将所有电源设置为零（电压源替换为短路，电流源替换为开路），然后找到两个标记端口之间的合成电阻来计算 R_N。如果电压源和/或电流源的内阻包含在原始网络中，则在电源设置为零时仍将其内阻保留。

（3）求 I_N。此时的 I_N 则是将第一步中断开的端口通过导线短路后产生的电流。该电流即诺顿等效电流。

（4）绘制诺顿等效电路，将之前移除的电路部分替换在等效电路的端口之间。

例 10.1　试使用诺顿定理分析如图 10.2 所示电路，并画出诺顿等效电路。

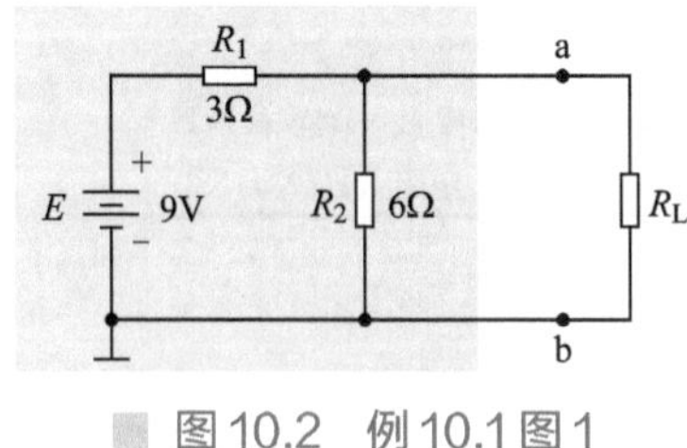

图 10.2 例 10.1 图 1

解：

第一步：由于观察端口为 a、b，此时将其设置为开路，并且移除电阻 R_L。

第二步：求出如图 10.4 所示的等效电阻。

$$R_N = R_1 \parallel R_2 = 3\Omega \parallel 6\Omega = \frac{3\Omega \times 6\Omega}{3\Omega + 6\Omega} = \frac{18\Omega}{9} = 2\Omega$$

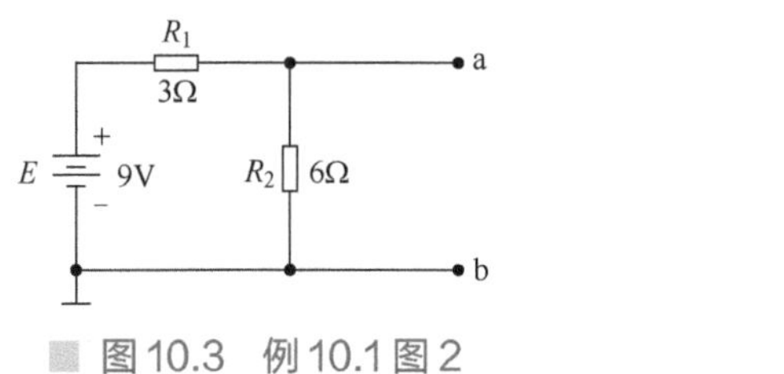

图 10.3　例 10.1 图 2

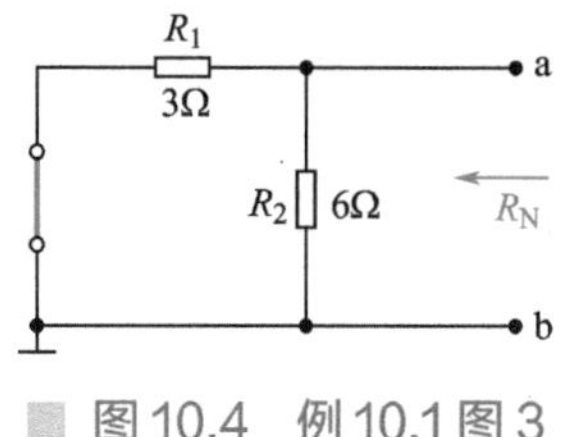

图 10.4　例 10.1 图 3

第三步：将 a、b 端口短路，由图 10.5 可以清楚地看出，此时的短路连接消除了电阻 R_2 的影响。因此 I_N 与通过 R_1 的电流相同，即电池电压都施加在 R_1 上。

$$V_2 = I_2 R_2 = 0\text{A} \times 6\Omega = 0\text{V}$$

$$I_N = \frac{E}{R_1} = \frac{9\text{V}}{3\Omega} = 3\text{A}$$

图 10.5　例 10.1 图 4

第四步：重新绘制诺顿等效电路，如图 10.6（a）所示，其转换过程如图 10.6（b）所示。

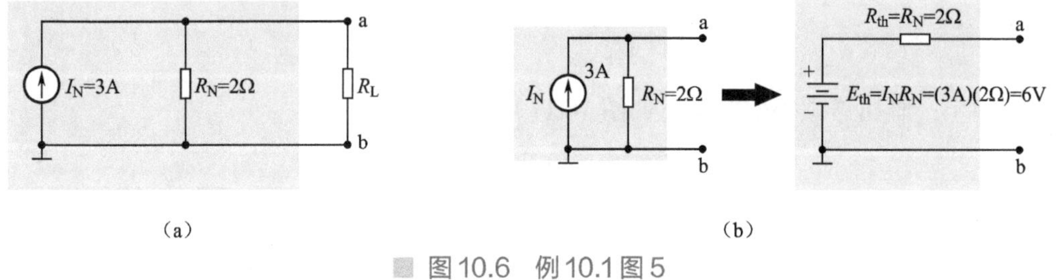

图 10.6　例 10.1 图 5

例 10.2　使用诺顿定理分析如图 10.7 所示电路。画出图中 9Ω 电阻外部网络的诺顿等效电路。

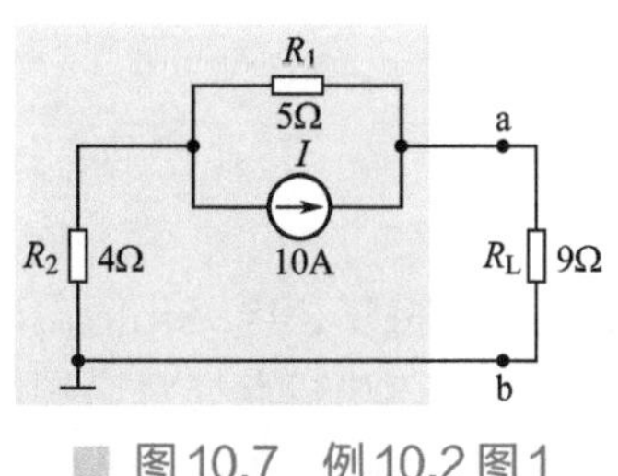

图 10.7　例 10.2 图 1

解：

第一步：删除发现诺顿等效电路的网络部分，标记剩余的二端网络的端口，如图 10.8 所示。

第二步：如图 10.9 所示，确定 R_N。

$$R_N = R_1 + R_2 = 5\Omega + 4\Omega = 9\Omega$$

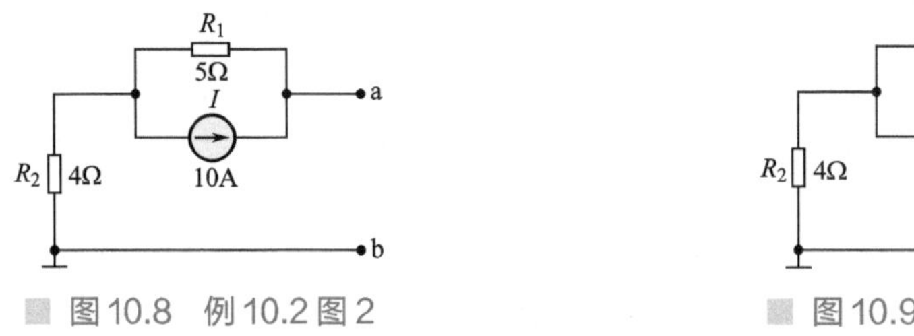

图 10.8　例 10.2 图 2　　图 10.9　例 10.2 图 3

第三步：确定 I_N，如图 10.10 所示，诺顿电流与通过 4Ω 电阻的电流相同。应用分流规则得出：

$$I_N = \frac{R_1 I}{R_1 + R_2} = \frac{5\Omega \times 10\text{A}}{5\Omega + 4\Omega} = \frac{50\text{A}}{9} = 5.56\text{A}$$

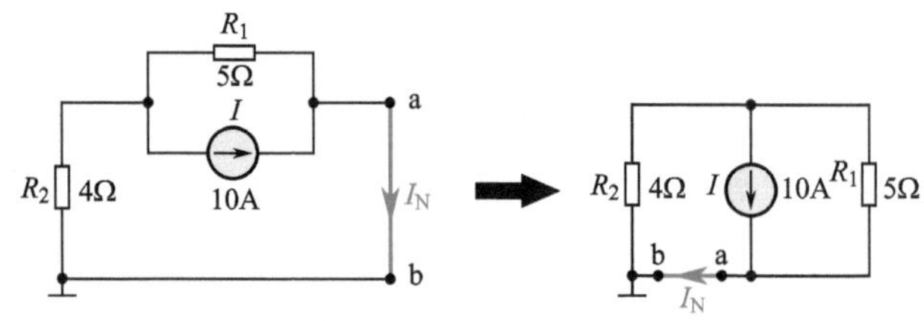

图 10.10　例 10.2 图 4

第四步：画出诺顿等效电路，如图 10.11 所示。

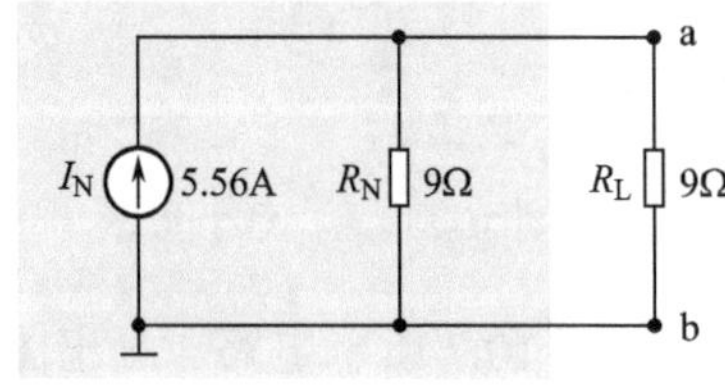

图 10.11　例 10.2 图 5

概览

与戴维南定理一样，诺顿定理用于将复杂电路化简。本项目通过两个方法来验证诺顿定理。方法一，通过直接测量的方法，在观察点处对诺顿电流和诺顿电阻进行测量；方法二，通过理论分析来计算这两个参数，并构建诺顿等效电路。

1. 直接测量 I_N 和 R_N

（1）使用面包板构建图 10.12 所示电路，按照以下参数进行设置：V_{source}=12V，R_1=3.3kΩ，R_2=330Ω，R_3=200Ω，R_L=100Ω。本实验选取电路图中的 a、b 端口进行观察。面包板电路可参考图 10.13。

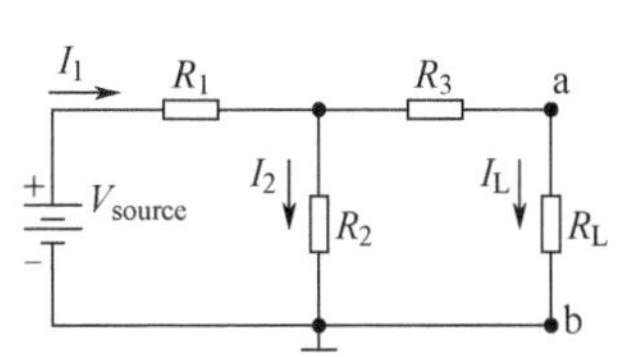

图 10.12　诺顿定理实验电路图

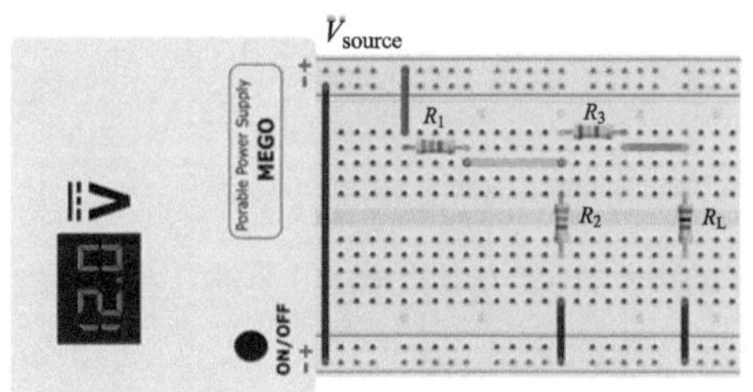

图 10.13　面包板电路

（2）测量 R_1、R_2、R_3、R_L 和 I_L，并将测量值记录在表 10.1 中。

表 10.1　记录表 1

$R_{1\text{-measured}}$	$R_{2\text{-measured}}$	$R_{3\text{-measured}}$	$R_{L\text{-measured}}$	$I_{L\text{-measured}}$

（3）构建图 10.14 所示电路并以此确定 I_N。将 R_L 短路，并测量 a、b 之间的短路电流（图 10.15），将测量值记录在表 10.2 中。

$I_{N\text{-measured}}$=________________

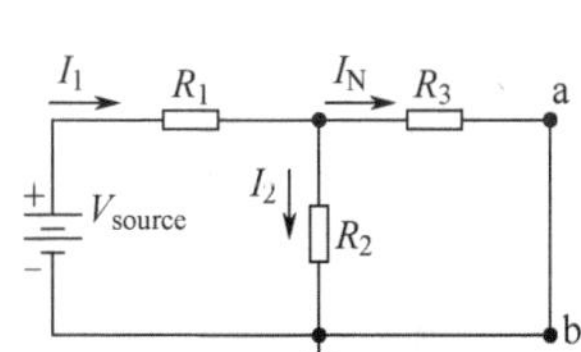

图 10.14　R_L 被导线取代变为短路

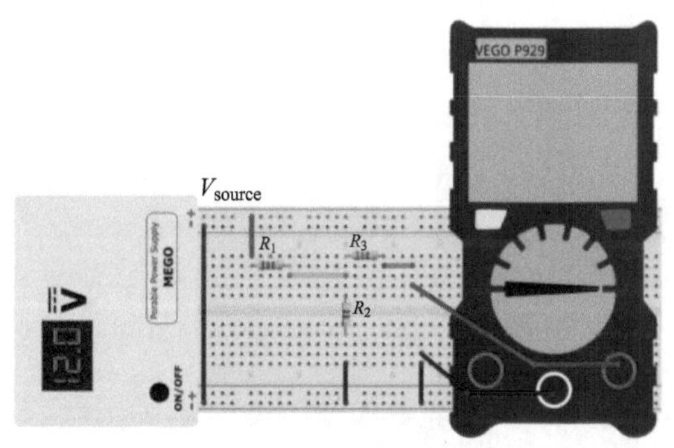

图 10.15　测量短路电流

（4）搭建图 10.16 所示电路并以此确定 R_N。将电压源短路，使其被禁用，并测量端口 a 与 b 之间的电阻 R_N（图 10.17），将测量值记录在表 10.2 中。

$R_{N\text{-measured}}$=________________

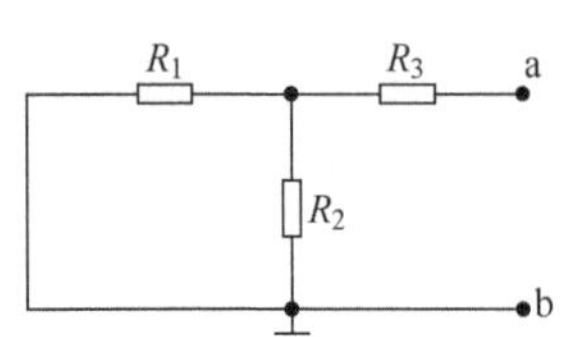

■ 图 10.16 电压源被短路

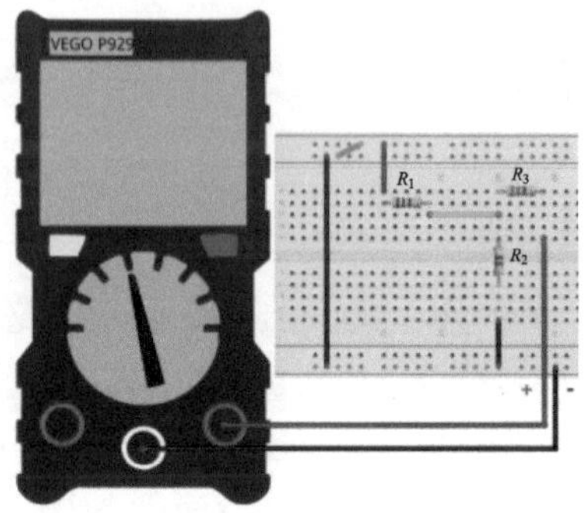

■ 图 10.17 测量 R_N

2. 计算 I_N 和 R_N

（1）计算 I_N 的方法和上述实验一样，首先将 R_L 短路，如图 10.18 所示，在表 10.2 中填入计算的 I_N。

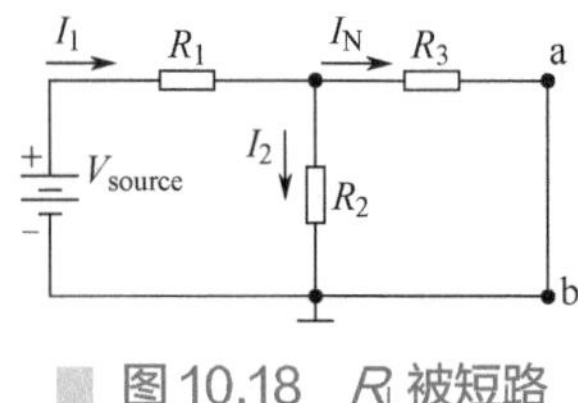

■ 图 10.18 R_L 被短路

计算：

$I_{N\text{-calculated}}$=______________

（2）计算 R_N。首先禁用电源，因此在图 10.19 中电压源被短路。此时，从 a、b 端口向电路内部观察到的等效电阻即 R_N，在下方写出计算过程并将 R_N 的值记录在表 10.2 中。

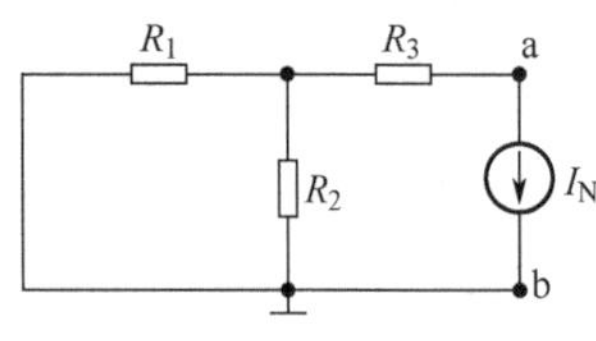

■ 图 10.19 V_{source} 被短路

计算：

$R_{N\text{-calculated}}$=______________

表 10.2 记录表 2

$I_{N\text{-measured}}$	$R_{N\text{-measured}}$	$I_{N\text{-calculated}}$	$R_{N\text{-calculated}}$

（1）对比 I_N 和 R_N 的计算值与测量值。

（2）分别使用 I_N 和 R_N 的计算值和测量值绘制诺顿等效电路。

（3）在理论计算的诺顿电路中接入负载 R_L=100Ω，计算此时流过 R_L 的电流，将该电流记作 $I_{L\text{-calculated}}$，比较该计算值与表 10.1 中第 5 列的测量值。

计算：

（4）为图 10.20 所示电路构建诺顿等效电路，V_{source}=12V，R_1=3.3kΩ，R_2=330Ω，R_3=200Ω，R_L=100Ω。注意本题中的观察点，计算 I_N 和 R_N 的值。

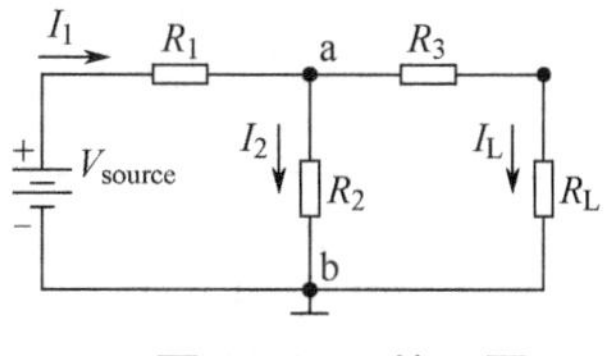

图 10.20　练习图

计算：

姓名：______

日期：______

课程：______

指导老师：______

网孔电流法

目标

（1）通过实验验证网孔络电流法。

（2）能够使用网孔电流法分析复杂的电路。

设备需求

仪　器	元　件	工　具
面包板电源×2 数字式万用表	1.2kΩ 电阻（1/4W）×1 2.0kΩ 电阻（1/4W）×1 3.3kΩ 电阻（1/4W×1	面包板 导线 剥线钳

设备检查

小组成员检查上述仪器是否准备完毕，记录所使用仪器的型号（若无法确定可询问指导老师），并记录实验小组的编号。

设　备	型　号	实验小组
面包板电源 数字式万用表		

前面已经介绍过分支电流的分析方法，接下来介绍另一种分析方法——网孔电流法，对电路网络定义一个独特的电流阵列，把定义后的电流叫作网状电流或者网孔电流，如图 11.1 所示，网状电流形成的闭合回路类似于日常生活中常见的铁丝网，如图 11.2 所示。

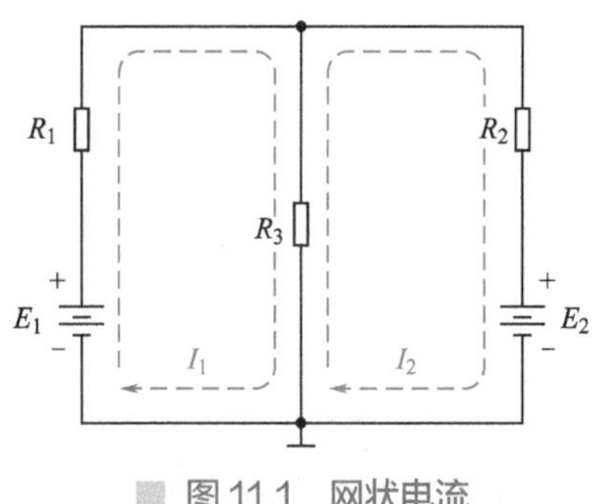

图 11.1 网状电流

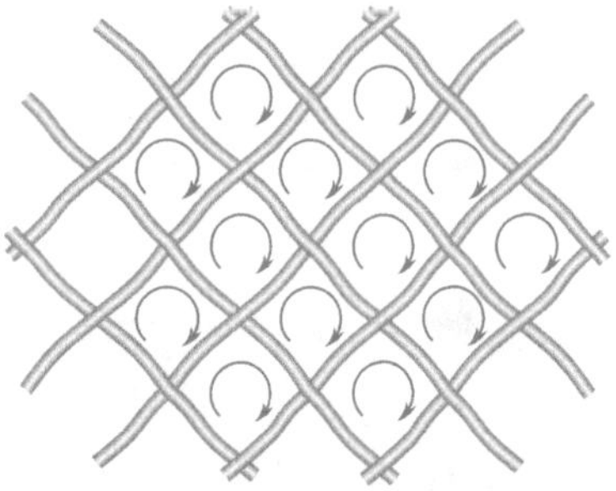

图 11.2 铁丝网

回路 1 包括电流 I_1、电源 E_1 和电阻 R_1，回路 2 包括电流 I_2、电源 E_2 和电阻 R_2。R_3 处于两个回路的交汇处，因此通过电阻 R_3 的电流为 I_1 和 I_2 的差值。

分析步骤如下。

（1）把电路网络中每个独立的闭合回路沿某一方向分配电流。本书选择顺时针方向作为标准，可以快速、准确地编写所需的方程式，节省时间，并能避免一些常见的错误。

（2）指出每个电阻在每个回路中的极性，这是由该回路的假定电流方向决定的。

（3）按顺时针方向在每个闭合回路上应用基尔霍夫电压定律。

① 如果一个电阻有两个或两个以上假定电流通过，在计算中则采用各假定电流的代数和作为最终的假定电流。

② 电压源的极性不受假定回路。

（4）求解所得到的假定回路电流。

例 11.1 考虑如图 11.3 所示的电路网络，试用网孔电流法对其进行分析。

解：

按顺时针方向分配两个回路电流（I_1 和 I_2）。在回路中使用基尔霍夫电压定律，在执行此步骤时，该定律仅与回路中的电压幅度以及极性有关，电阻电压由 $V=IR$ 决定。电阻 R_3 中有两个电流通过，用回路 1 中的电流减去回路 2 中的电流。

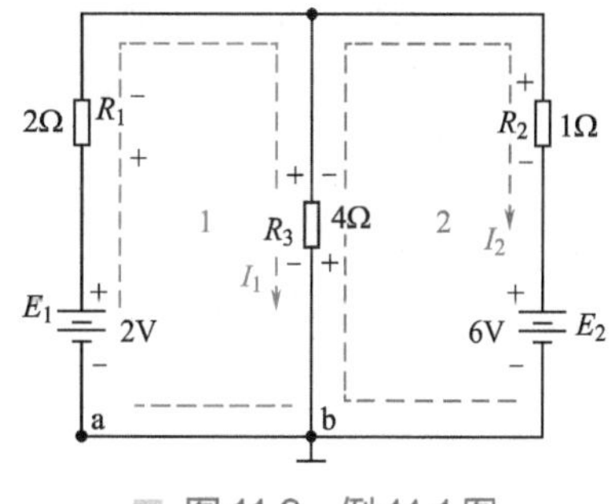

图 11.3 例 11.1 图

回路 1：

$$+E_1-V_1-V_3=0\text{（顺时针方向，从a点开始）}$$

$$+2\text{V}-(2\Omega)I_1-(4\Omega)(I_1-I_2)=0$$

回路 2：

$$-V_3 - V_2 - E_2 = 0（顺时针方向，从b点开始）$$
$$-(4\Omega)(I_2 - I_1) - (1\Omega)I_2 - 6\text{V} = 0$$

然后将方程式改写如下（为了清楚起见，式中没有单位）。

回路 1：$+2 - 2I_1 - 4I_1 + 4I_2 = 0$

$+2 - 6I_1 + 4I_2 = 0$

$-6I_1 + 4I_2 = -2$

回路 2：$-4I_2 + 4I_1 - I_2 - 6 = 0$

$-5I_2 + 4I_1 - 6 = 0$

$-5I_2 + 4I_1 = +6$

求得：

$$I_1 = -1\text{A}，I_2 = -2\text{A}$$

负号表示真实电路中的电流的方向与假设回路电流方向相反。

通过 2V 电源和 2Ω 电阻的实际电流方向与回路 1 假设电流方向相反，大小为 1A。通过 6V 电源和 1Ω 电阻的实际电流方向与回路 2 假设电流方向相反，大小为 2A。

例 11.2　考虑如图 11.4 所示的电路网络，试用网孔电流法对其进行分析。

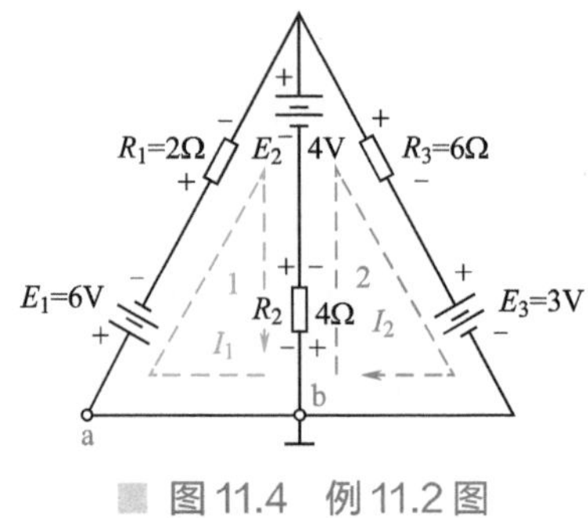

图 11.4　例 11.2 图

解：

在网络窗口中按顺时针方向分配两个回路电流（I_1 和 I_2）。

对闭合回路使用基尔霍夫定律。

回路 1：

$$-E_1 - I_1R_1 - E_2 - V_2 = 0（从a点沿顺时针方向）$$
$$-6\text{V} - I_1(2\Omega) - 4\text{V} - 4\Omega(I_1 - I_2) = 0$$

回路 2：

$$-E_3 - V_3 + E_2 - V_2 = 0（从b点沿顺时针方向）$$
$$-3\text{V} - I_2(6\Omega) + 4\text{V} - 4\Omega(I_2 - I_1) = 0$$

可以改写为：

$$-10 - 4I_1 - 2I_1 + 4I_2 = 0$$
$$+1 + 4I_1 - 4I_2 - 6I_2 = 0$$

得到：

$$-6I_1+4I_2=+10$$
$$+4I_1-10I_2=-1$$

求得：

$$I_1=-2.18\text{A}$$
$$I_2=-0.77\text{A}$$

回路 1 的 4Ω 电阻和 4V 电源中的电流为：

$$I_1-I_2=-2.18\text{A}-(-0.77\text{A})=-1.41\text{A}$$

所以它的大小是 1.41A，方向与回路 1 假定的方向相反。

通过电阻 R_1 的电流方向与回路 1 所标方向相反，大小为 2.18A 。

通过电阻 R_2 的电流方向与回路 2 所标方向相反，大小为 0.77A 。

在第一步中，将对各个电阻的实际电流进行测量，第二步将运用网孔电流法来验证测量结果。

在使用网孔电流法求解电路时，必须遵循以下步骤。

步骤 1：确定电路网络。

步骤 2：为每个网络分配任意方向（顺时针或逆时针）。

步骤 3：为每个网络写 KVL 方程式。

步骤 4：对以上所有方程式求解。

步骤 5：通过各网状电流确定各分支的实际电流。

1. 测量每个电阻的实际电流

（1）搭建图 11.5 所示电路，其中 V_{source1}=9V，V_{source2}=6V，选用 R_1=1.2kΩ，R_2=2.0kΩ，R_3=3.3kΩ。面包板布局可以参考图 11.6。

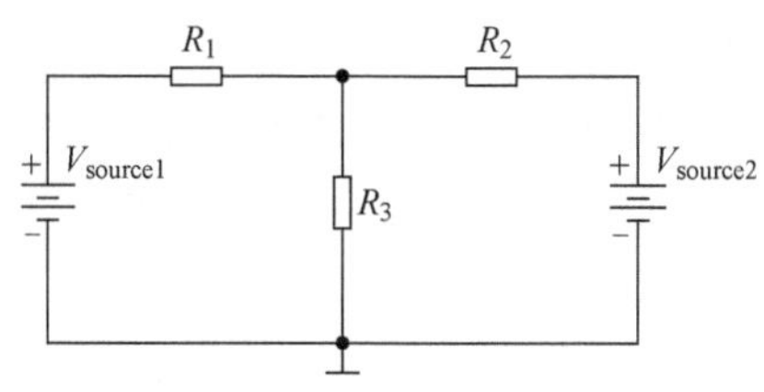

图 11.5　双电压源电路

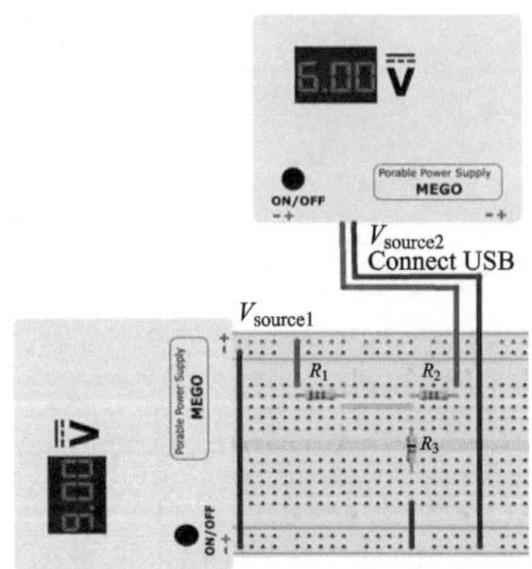

图 11.6　面包板布局

（2）对表 11.1 中的各参数进行测量并记录，该结果为直接测量结果。

表 11.1　记录表 1

$R_{1\text{-measured}}$	$R_{2\text{-measured}}$	$R_{3\text{-measured}}$	$I_{R1\text{-measured}}$	$I_{R2\text{-measured}}$	$I_{R3\text{-measured}}$

2. 使用网孔电流法计算实际电流

（1）对每个网络分配一个任意的网络电流方向，如图 11.7 所示，这里为每个网络都分配了顺时针方向。

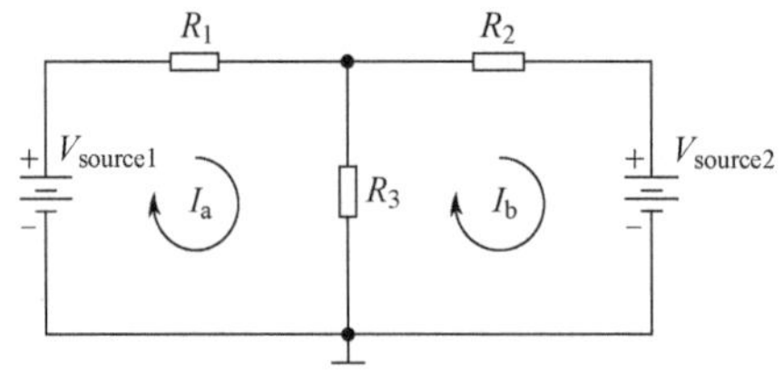

图 11.7　分配网状电流方向

（2）列出网络 a 的 KVL 方程式，可以将接地处作为网络起始处。注意，R_3 的网状电流必须同时考虑 I_a 和 I_b，因此网络 a 的 KVL 方程式可写为：

$$0+V_{\text{source1}}-R_1I_a-R_3(I_a-I_b)=0$$

（3）列出网络 b 的 KVL 方程式：

$$0-R_3(I_b-I_a)-R_2I_b-V_{\text{source2}}=0$$

（4）对以上方程式求解，计算出 I_a 和 I_b，并将计算结果记录在表 11.2 中。

计算：

表 11.2 记录表 2

$I_{a\text{-calculated}}$	$I_{b\text{-calculated}}$

（1）根据表 11.2 中计算的网状电流 I_a 和 I_b，确定通过 R_3 的实际电流大小与方向。在下方写出计算过程。

（2）观察图 11.8 所示电路，将 $V_{source1}$ 设置成 9V，$V_{source2}$ 设置成 6V，选用 R_1=1.2kΩ，R_2=2.0kΩ，R_3=3.3kΩ。

① 根据图中指定的网状电流方向，写出网络 a 和网络 b 的 KVL 方程式。

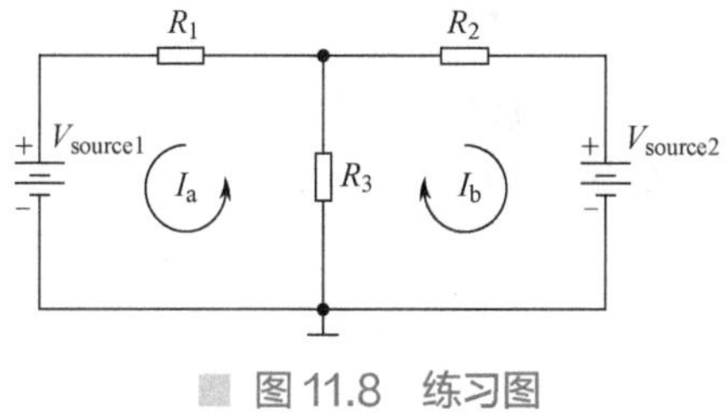

图 11.8 练习图

② 根据 KVL 方程式，计算网状电流 I_a 和 I_b。

③ 确定 R_3 的实际电流大小和方向。

姓名：________

日期：________

课程：________

指导老师：________

节点电压法

目标

（1）学习节点电压法的电路分析技巧。
（2）利用节点电压法分析更复杂的电路。

设备需求

仪　器	元　件	工　具
面包板电源×2 数字式万用表	1.2kΩ 电阻（1/4W）×1 2.0kΩ 电阻（1/4W）×1 3.3kΩ 电阻（1/4W）×1	面包板 导线 剥线钳

设备检查

小组成员检查上述仪器是否准备完毕，记录所使用仪器的型号（若无法确定可询问指导老师），并记录实验小组的编号。

设　备	型　号	实验小组
面包板电源 数字式万用表		

理论

节点电压法是由基尔霍夫电流定律演变而来的，其分析方式与基尔霍夫电压定律相似。

使用节点电压法分析电路时，首先需要选择一个节点作为参考点，其他节点的电压都是相对于参考点来确定的，一般会选择地作为参考点。对于一个有 N 个节点的网络，指定一个节点作为参考点后，就有 N-1 个节点的电压需要确定，因此需要写出 N-1 个独立方程式来求解节点电压。也就是说，求解网络所有节点电压所需要的方程式数量比独立节点的数量少一个。

节点电压法分析步骤：

（1）确定网络中的节点数。

（2）选择一个节点作为参考点，并用下标标记剩余的节点（如 V_1、V_2 等）。

（3）每个节点都被视为一个单独的实体，在除参考点之外的每个节点上应用基尔霍夫电流定律，不考虑其他节点的影响。

（4）求解节点电压的方程式。

例 12.1　试用节点电压法分析如图 12.1 所示电路。

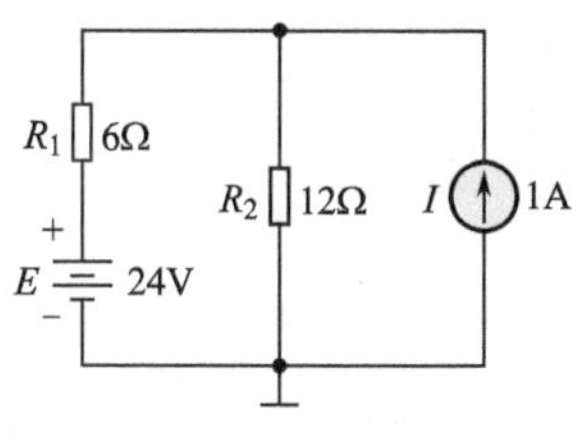

图 12.1　例 12.1 图 1

解：

第一步：如图 12.2 所示的电路中有两个节点（阴影线标出部分为节点），将节点 b 定义为参考点，将节点 a 的电压定义为 V_1，即该节点到地的电压。

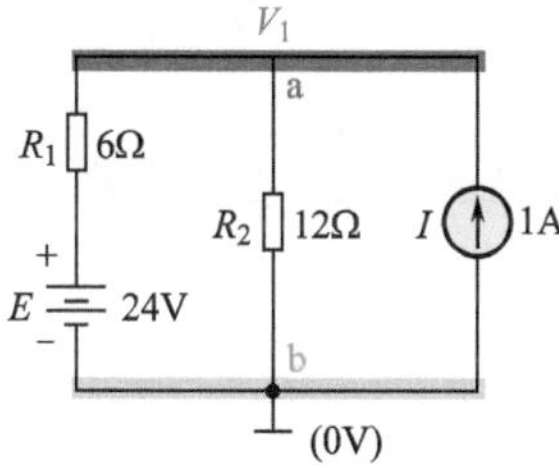

图 12.2　例 12.1 图 2

第二步：将电流 I_1 和 I_2 定义为离开图 12.3 中的节点 a，并应用基尔霍夫电流定律，得：

$$I = I_1 + I_2$$

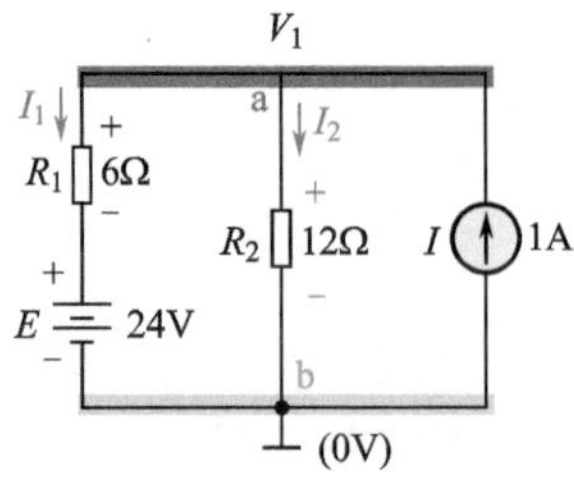

图 12.3 例 12.1 图 3

第三步：

根据欧姆定律，因为节点 b 的电位被定义为零，所以电阻 R_2 两端的电压等于节点 a 的电压 V_1。可得电流 I_2 为

$$I_2=\frac{V_1-0}{R_2}=\frac{V_1}{12}$$

$$I_1=\frac{V_1-E}{R_1}=\frac{V_1-24}{6}$$

由于 $$I=I_1+I_2$$

则有

$$I=\frac{V_1-24}{6}+\frac{V_1}{12}$$

由于 $I=1\text{A}$，上述表达式可化简为

$$1=\frac{V_1-24}{6}+\frac{V_1}{12}$$

经计算可得

$$V_1=20\text{V}$$

而电流 I_1 和 I_2 则可以通过使用前面的等式来确定：

$$I_1=\frac{V_1-E}{R_1}=\frac{20\text{V}-24\text{V}}{6\Omega}=\frac{-4\text{V}}{6\Omega}=-0.67\text{A}$$

负号表示电流 I_1 的方向与图 12.3 中的方向相反。此外：

$$I_2=\frac{V_1}{R_2}=\frac{20\text{V}}{12\Omega}=1.67\text{A}$$

例 12.2 试用节点电压法分析如图 12.4 所示电路。

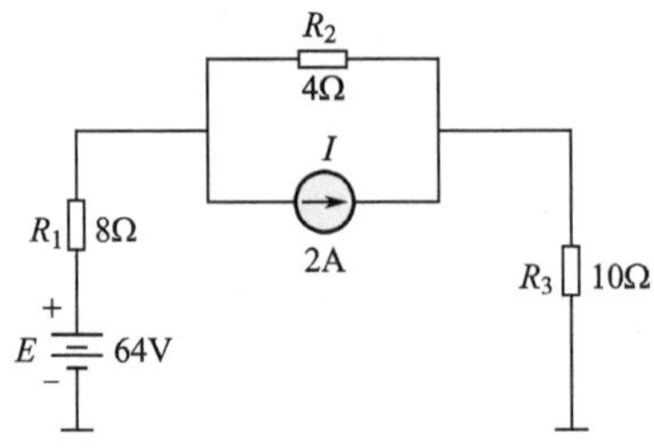

图 12.4 例 12.2 图 1

解：

第一步：可以看出该电路网络具有 3 个节点，如图 12.5 所示，将节点 c 定义为参考点，其余两个节点的电压分别为V_1和V_2。

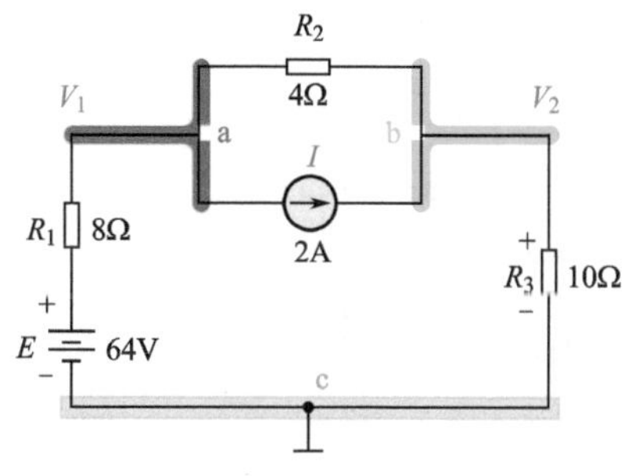

图 12.5 例 12.2 图 2

第二步：对于节点 a，电流定义如图 12.6 所示，应用基尔霍夫电流定律，得：

$$I_1 + I_2 + I = 0$$

$$I_1 = \frac{V_1 - E}{R_1} = \frac{V_1 - 64}{8}$$

$$I_2 = \frac{V_1 - V_2}{4}$$

于是则有

$$\frac{V_1 - 64}{8} + \frac{V_1 + \mathrm{V}_2}{4} + 2 = 0$$

化简得到

$$3\mathrm{V}_1 - 2\mathrm{V}_2 = 48$$

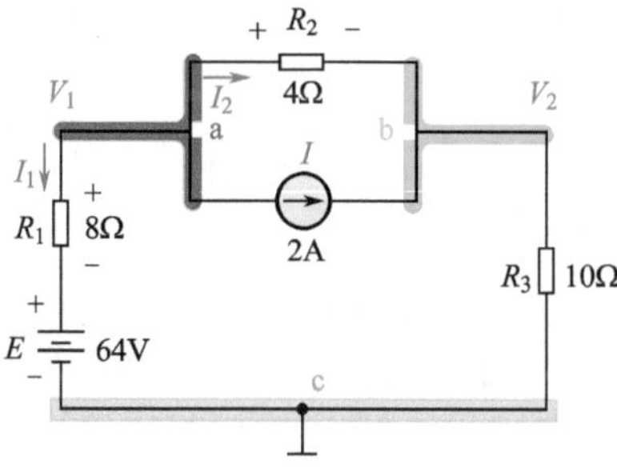

图 12.6 例 12.2 图 3

第三步：对于节点 b ，电流定义如图 12.7 所示，由基尔霍夫电流定律得：

$$I = I_3 + I_2$$

$$I_3 = \frac{V_1 - 0}{R_3} + \frac{V_2}{10}$$

$$I_2 = \frac{V_2 - V_1}{R_2} = \frac{V_2 - V_1}{4}$$

于是则有

$$2=\frac{V_2}{10}+\frac{V_2-V_1}{4}$$

化简可得：

$$7V_2-5V_1=40$$

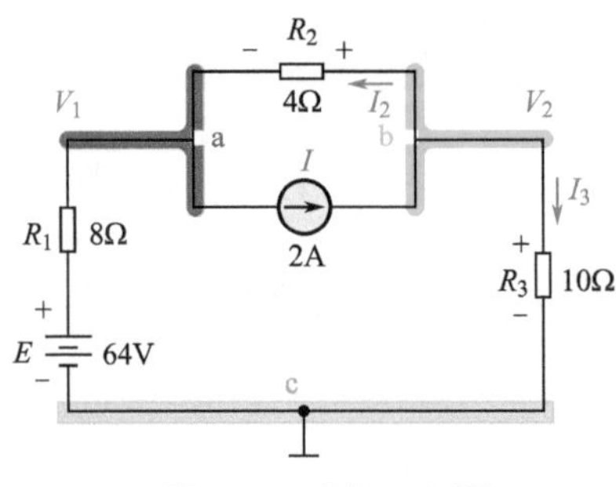

图 12.7 例 12.2 图 4

第四步：通过这两个节点可得到如下二元一次方程组：

$$\begin{cases}3V_1-2V_2=48 & ① \\ 7V_2-5V_1=40 & ②\end{cases}$$

经计算可得

$$V_1=37.82\text{V}$$
$$V_2=32.73\text{V}$$

得到V_1和V_2后，则可用于计算电路中的实际电流。由于 E 大于V_1，所以电流I_{R1}从地流向V_1：

$$I_{R1}=\frac{E-V_1}{R_1}=\frac{64\text{V}-37.82\text{V}}{8\Omega}=3.27\text{A}$$

电流I_{R3}是从节点 b 到地的电流：

$$I_{R3}=\frac{V_{R3}}{R_3}=\frac{V_2}{R_3}=\frac{32.27\text{V}}{10\Omega}=3.23\text{A}$$

由于V_1大于V_2，因此电流I_{R2}从V_1流向V_2：

$$I_{R2}=\frac{V_1-V_2}{R_2}=\frac{37.82\text{V}-32.27\text{V}}{4\Omega}=1.39\text{A}$$

概览

构建图 12.8 所示电路并测量各个节点的电压，然后通过节点电压法直接计算并验证这些测量值。

在使用节点电压法分析电路时，通常遵循以下步骤。

步骤 1：标记电路中的节点（连接了 3 个或以上的元件）。

步骤 2：选择一个节点作为电路的地，通常在电路中地就是底端的公共连接部分，许多电路图上都会直接标注。

步骤 3：针对各节点依次列出 KCL 方程式。

步骤 4：对所有节点的 KCL 方程式求解，即得出各节点电压。

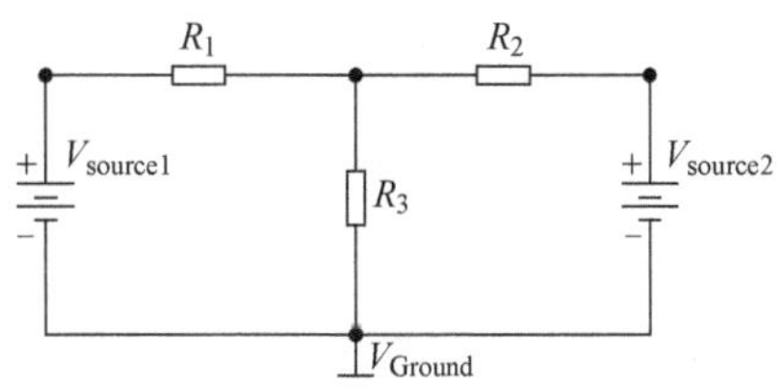

图 12.8　实验电路图

步骤

1. 直接测量

（1）根据图 12.9（a），使用两个电压源 $V_{source1}$=9V 和 $V_{source2}$=6V 搭建电路，选用 R_1=1.2kΩ，R_2=2.0kΩ，R_3=3.3kΩ，面包板电路如图 12.9（b）所示。

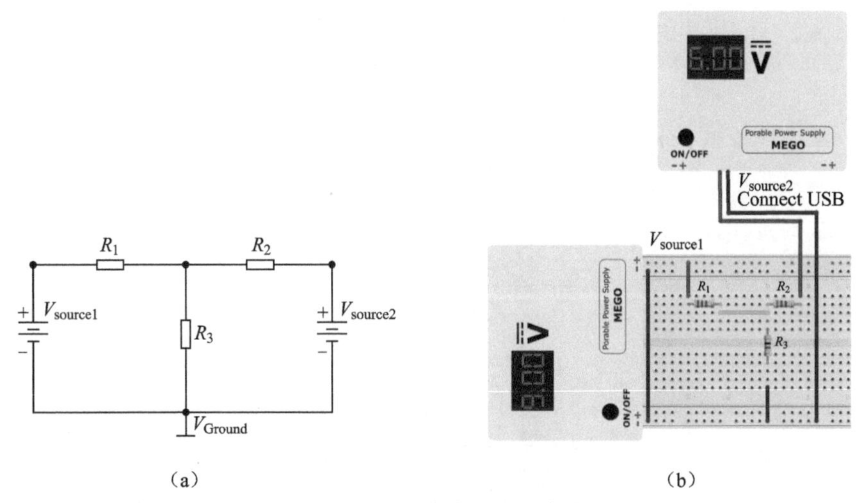

（a）　（b）

图 12.9　有两个电压源的电路

（2）测量电阻阻值和每个电阻两端的实际电压，并将这些值记录在表 12.1 中。

表 12.1　记录表 1

$R_{1\text{-measured}}$	$R_{2\text{-measured}}$	$R_{3\text{-measured}}$	$V_{R1\text{-measured}}$	$V_{R2\text{-measured}}$	$V_{R3\text{-measured}}$

2. 通过节点电压法计算

（1）在图 12.10 中，标记了 a、b 和 c 三个点，其中只有 b 是节点，因为它连接了 3 个或以上的元件，电路的地选择了 V_{Ground}。

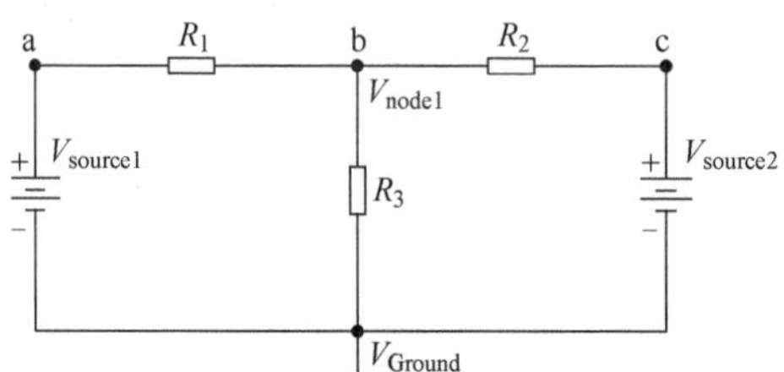

图 12.10 标有节点和接地点的电路

（2）为节点 b 所连接的 3 个分支设定任意的电流方向，在图 12.11 中，定义了 3 个电流 I_1、I_2 和 I_3。

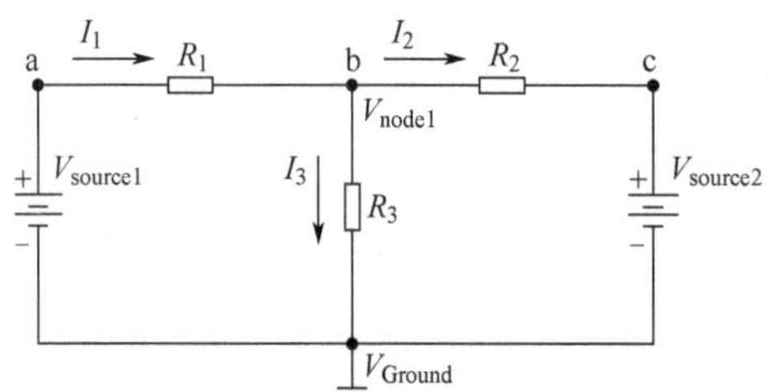

图 12.11 设定电流方向

（3）写出所选节点对应的 KCL 方程式，并用欧姆定律表示每个分支的电流：

$$I_1=I_2+I_3$$

通过欧姆定律，可以得到：

$$I_1=\frac{V_a-V_b}{R_1}=\frac{V_{source1}-V_{node1}}{R_1}$$

$$I_2=\frac{V_b-V_c}{R_2}=\frac{V_{node1}-V_{source2}}{R_2}$$

$$I_3=\frac{V_b-V_{Ground}}{R_3}=\frac{V_{node1}-V_{Ground}}{R_3}$$

（4）利用上面的方程式求解电压 V_a、V_b 和 V_c。注意，使用电阻标准值进行计算。

计算：

（5）根据计算结果，进一步推算各个电阻两端的电压，分别标记为 $V_{R1\text{-calculated}}$、$V_{R2\text{-calculated}}$、$V_{R3\text{-calculated}}$，将计算结果填入表 12.2 中。

计算：

表 12.2　记录表 2

$V_{R1\text{-calculated}}$	$V_{R2\text{-calculated}}$	$V_{R3\text{-calculated}}$

（1）根据表 12.2，确定 R_1、R_2 和 R_3 中实际流过电流的大小和方向。

（2）如图 12.12 所示，$V_{source1}$=9V，$V_{source2}$=6V，R_1=1.2kΩ，R_2=2.0kΩ，R_3=3.3kΩ。

① 根据图中采用的电流方向，列出节点 V_{node1} 处的 KCL 方程式。

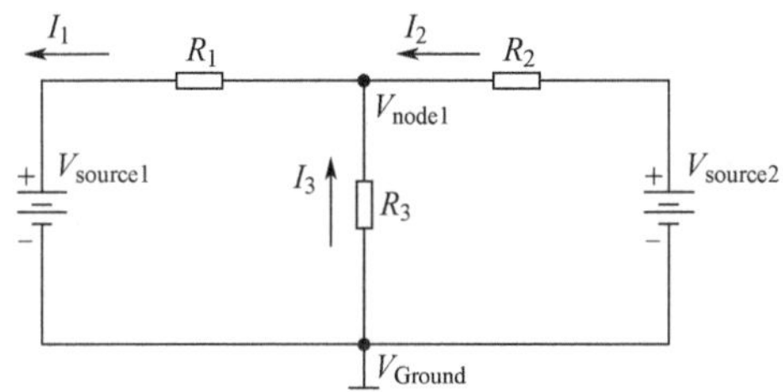

图 12.12　采用另一组随机设定的电流方向

计算：

② 对上述 KCL 方程式求解，并计算电路中各分支的实际电流（标明电流方向）。

计算：

（3）如图 12.13 所示，$V_{source1}$=9V，$V_{source2}$=6V，R_1=1.2kΩ，R_2=2.0kΩ，R_3=3.3kΩ。与图 12.12 相比，本题中电压源 2 的方向发生了改变，使用节点电压法对电路中各电流进行求解。

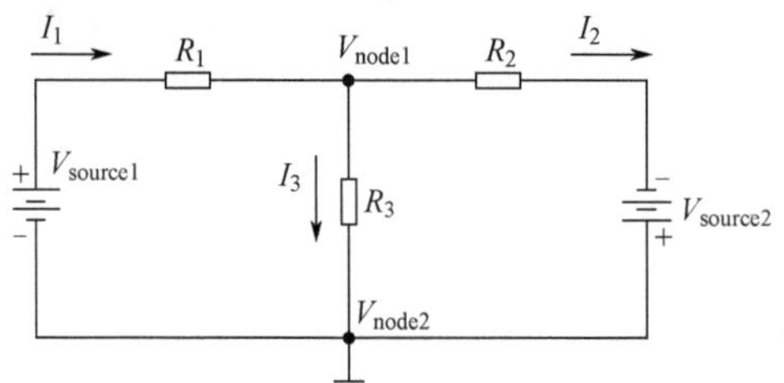

图 12.13　电压源 2 的方向被改变

计算：

姓名：

日期：

课程：

指导老师：

惠斯通电桥

目标

（1）熟悉惠斯通电桥的结构及电压稳定性。

（2）通过惠斯通电桥实验确定未知电阻的阻值。

设备需求

仪 器	元 件	工 具
面包板电源 数字式万用表	330Ω 电阻（1/4W）×1 1.0kΩ 电阻（1/4W）×1 1.2kΩ 电阻（1/4W）×1 10kΩ 可变电阻（1/4W）×1	面包板 导线 剥线钳

设备检查

小组成员检查上述仪器是否准备完毕，记录所使用仪器的型号（若无法确定可询问指导老师），并记录实验小组的编号。

设 备	型 号	实验小组
面包板电源 数字式万用表		

理论

惠斯通电桥中通常含有 4 个电阻，其中 3 个电阻阻值已知，而另一个未知电阻的阻值可通过已知电阻阻值推导求出。惠斯通电桥的结构如图 13.1 所示。

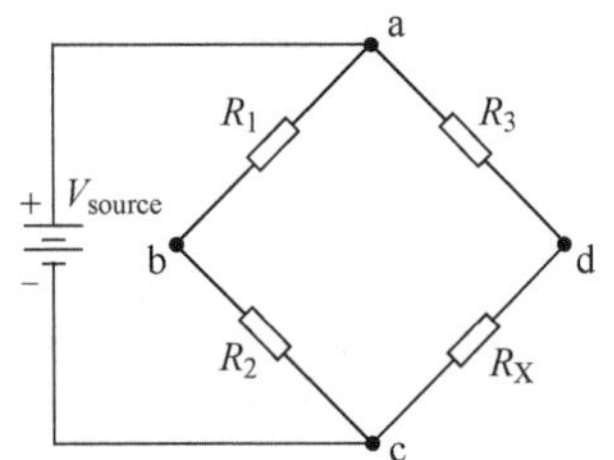

图 13.1　惠斯通电桥的结构

在该电路中，R_1、R_2、R_3 是已知电阻，而 R_X 的阻值是可变的。b 点的电压由 R_1、R_2 组成的分压器控制，而 d 点的电压由 R_3、R_X 组成的分压器控制。当 b 点和 d 点的电压相等时，就构成了一个平衡的惠斯通电桥，利用平衡的惠斯通电桥中 V_b=V_d 的特点，可以得出：

$$\frac{R_1}{R_2}=\frac{R_3}{R_X}$$

惠斯通电桥在电子行业中应用广泛，常被应用于各种压力、应力、形变测量和温度传感器中。

惠斯通电桥可能以 3 种形式之一出现，如图 13.2 所示。如果电阻 $R_2=R_3$ 且 $R_1=R_4$，则把图 13.2（c）所示电路称为对称点阵网络。

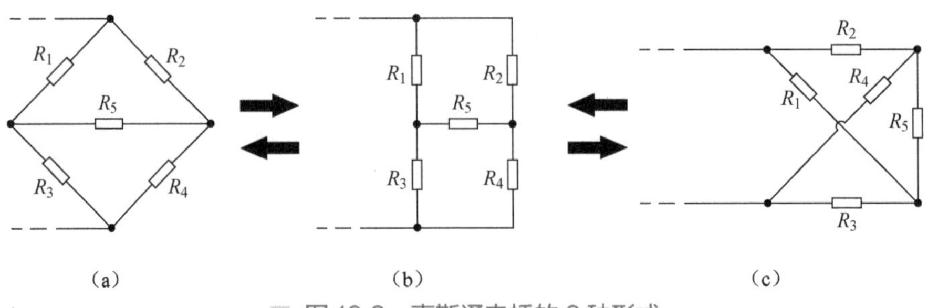

图 13.2　惠斯通电桥的 3 种形式

例 13.1　使用网孔电流法来分析如图 13.3 所示的电路。

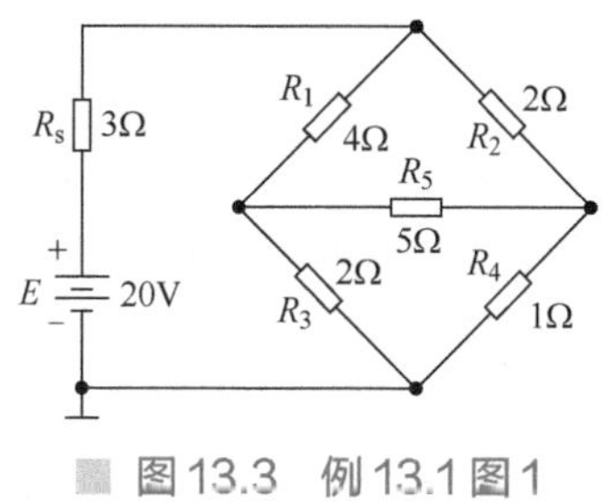

图 13.3　例 13.1 图 1

解：

如图 13.4 所示，得出：

$$(3\Omega+4\Omega+2\Omega)I_1-(4\Omega)I_2-(2\Omega)I_3=20\text{V}$$
$$(4\Omega+5\Omega+2\Omega)I_2-(4\Omega)I_1-(5\Omega)I_3=0\text{V}$$
$$(2\Omega+5\Omega+1\Omega)I_3-(2\Omega)I_1-(5\Omega)I_2=0\text{V}$$

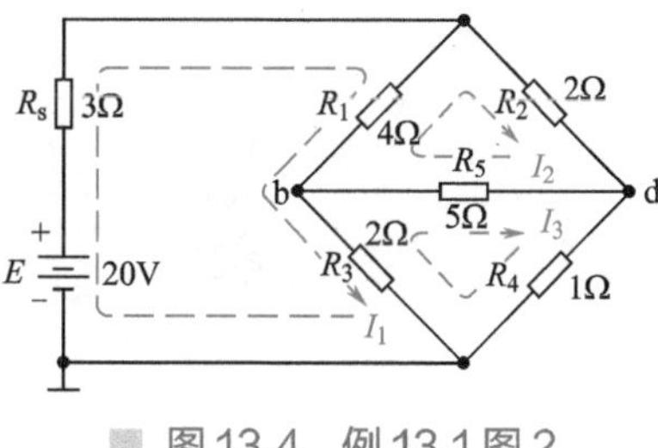

图 13.4　例 13.1 图 2

化简得：

$$9I_1-4I_2-2I_3=20\text{A}$$
$$-4I_1+11I_2-5I_3=0\text{A}$$
$$-2I_1-5I_2+8I_3=0\text{A}$$

结果为

$$I_1=4\text{A}$$
$$I_2=2.67\text{A}$$
$$I_3=2.67\text{A}$$

从而得出通过 5Ω 电阻的电流为

$$I_{5\Omega}=I_2-I_3=2.67\text{A}-2.67\text{A}=0\text{A}$$

由此不难看出，当一个惠斯通电桥处于平衡状态时，b 和 d 两点的电压应当是相等的，此时即使在两点之间接入电阻，也不会有电流通过。

在实际应用中，R_5 的作用与水平测量仪的校正器一样，只要确保 R_5 中没有电流经过，则可判定电桥已处于平衡状态。

概览

本项目分为两部分，第一部分将搭建一个惠斯通电桥，通过调节 R_X 的阻值使其达到平衡状态。第二部分将通过理论计算来对 R_X 进行求解，并与实验数据进行比对。本项目旨在加强对惠斯通电桥公式及工作原理的理解。

步骤

1. 构建平衡的惠斯通电桥

（1）参考图 13.5（a），在面包板上构建惠斯通电桥电路。其中，V_{source}=6V，R_1=1.2kΩ，R_2=1.0kΩ，R_3=330Ω，R_X 可选用电位计并按图 13.5（b）中的方法连接，电位计当前的阻值可以是随机的。

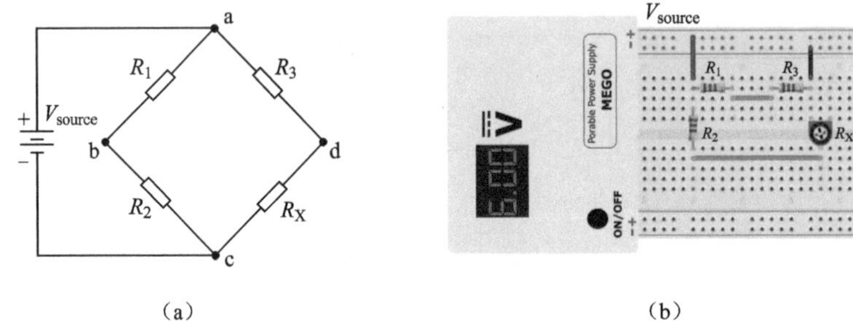

图 13.5 构建平衡的惠斯通电桥

（2）测量 R_1、R_2 和 R_3 的阻值，并记录在表 13.1 中，确保测量电阻的方法正确。

表 13.1 记录表 1

$R_{1\text{-measured}}$	$R_{2\text{-measured}}$	$R_{3\text{-measured}}$	$R_{X\text{-measured}}$

（3）如图 13.6 所示，测量 b 和 d 之间的压降。此时调节电位计 R_X，使 b 和 d 之间的压降非常接近 0V，以达到平衡状态。

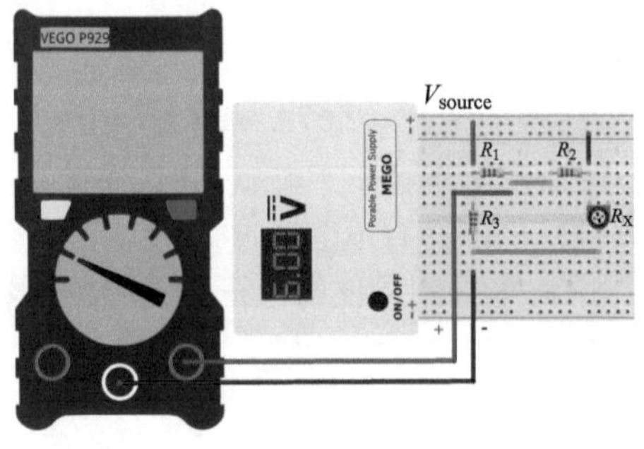

图 13.6 测量 b 和 d 之间的压降

（4）关闭电源并断开电位计，测量 R_X。注意，电位计有 3 个引脚，只有接入电路的两个引脚是需要被测量的引脚，将测量结果记录在表 13.1 中。

2. 惠斯通电桥的理论计算

（1）使用分压电路计算 b 和 d 的电压：

$$V_b = V_{source}\frac{R_2}{R_1+R_2}$$

$$V_d = V_{source}\frac{R_X}{R_3+R_X}$$

计算时可以选用电阻的标准阻值，将计算结果记录在表 13.2 中。

（2）计算 b 和 d 之间的压降，记作 V_{bd}，将计算结果填入表 13.2 中。

$$V_{bd} = V_{source}\left(\underline{\qquad\qquad\qquad} - \underline{\qquad\qquad\qquad}\right)$$

（3）对于一个达到平衡的惠斯通电桥，用 R_1、R_2 和 R_3 推导出 R_X 的值。

推导过程：

（4）使用标准阻值来计算 R_X，并将计算结果记录在表 13.2 中，与表 13.1 中的测量值对比。

表 13.2　记录表 2

$V_{b\text{-calculated}}$	$V_{d\text{-calculated}}$	$V_{bd\text{-calculated}}$	$R_{X\text{-calculated}}$

（1）参照图 13.5（a），假设 R_1、R_2、R_3 分别为 550Ω、1kΩ、10kΩ，则 R_X 的值为多少时可以使惠斯通电桥平衡？写出计算过程。

（2）如图 13.7 所示，已知 V_{source}=6V，R_1=1.2kΩ，R_2=1.0kΩ，R_3=330Ω，R_X 未知。现假设 b 点和 d 点之间的压降 V_{bd} 为 1V，计算 R_X 的阻值。

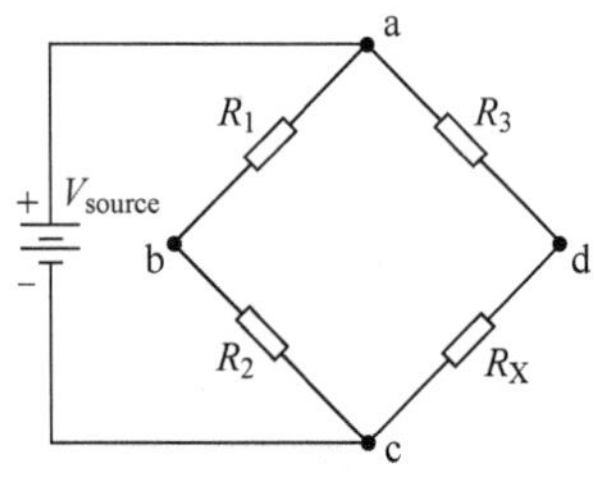

图 13.7　练习图

计算：

姓名：________

日期：________

课程：________

指导老师：________

项目 14

电　容

目标

（1）计算 RC 电路的时间常数。

（2）根据实验数据确定电容的大小。

（3）在充满电的条件下观察电容的特性。

设备需求

仪　器	元　件	工　具
面包板电源 数字式万用表	1.0kΩ 电阻（1/4W）×1 100μF 电容（25V）×1 220μF 电容（25V）×1	面包板 导线 剥线钳

设备检查

小组成员检查上述仪器是否准备完毕，记录所使用仪器的型号（若无法确定可询问指导老师），并记录实验小组的编号。

设　备	型　号	实 验 小 组
面包板电源 数字式万用表		

理论

什么是电容呢？如图 14.1 所示，两块平行铝板通过开关和电阻连接到电池上，两块铝板表面形成了导电表面，中间被气隙隔开，这样的元件称为电容器。其中，两块铝板称为极板。电容用于衡量电容器在其极板上存储电荷的能力，电容器的电容越大，在施加相同电压的情况下，存储在极板上的电荷量就越大。有时也将电容器简称为电容。

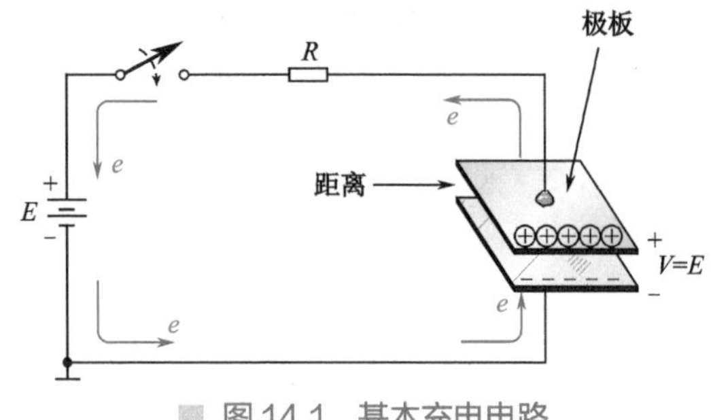

图 14.1　基本充电电路

电容的单位为法拉（F），电子电路中常见的电容从数千微法拉（μF）到几皮法拉（pF）不等。连接施加的电压、极板上的电荷量和电容的关系由下式定义：

$$C = \frac{Q}{V}$$

由上述公式可以知道，对于相同的电压，极板上的电荷量越大，电容就越大。电容与电阻一样，分为固定电容和可变电容。固定电容的符号如图 14.2（a）所示。可变电容的符号如图 14.2（b）所示。

图 14.2　电容符号

固定电容有各种形状和尺寸，如图 14.3 所示。

电容的一个重要特性就是可以阻止直流电流通过，允许交流电流通过，许多电子产品都利用电容的这一重要特性来设计电路。

电容并联或串联时的等效电容可以采用以下公式计算：

$$C_{total} = C_1 + C_2 + C_3 + \cdots \quad \text{并联}$$

$$\frac{1}{C_{total}} = \frac{1}{C_1} + \frac{1}{C_2} + \frac{1}{C_3} + \cdots \quad \text{串联}$$

在本项目中，将引入时间常数 τ 的概念，时间常数主要应用于由电阻和电容组成的 RC 电路，它可以用于估测电容的充电或放电时间（充电或放电时间约等于 5 倍的时间常数 τ）。RC 电路中计算时间常数 τ 的公式如下：

$$\tau = R \cdot C$$

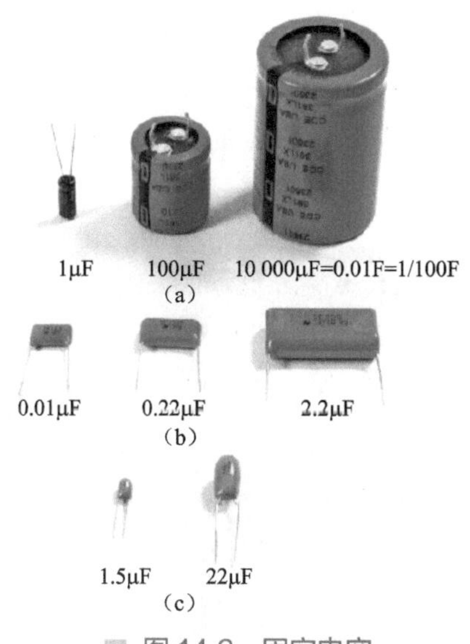

图 14.3　固定电容

本项目会对时间常数进行记录，项目 15 中会介绍更多关于时间常数的知识。

例 14.1　一个电容的负极板上沉积了 82.4×10^{14} 个电子，同时在电容两端施加 60V 电压，求出该电容的大小。

解：

首先我们需要将电子数转化成电荷数。由于 1 库伦电荷等同于 6.242×10^{18} 个电子，则本例中 82.4×10^{14} 个电子等效的电荷数为

$$82.4\times10^{14}\times\left(\frac{1\text{C}}{6.242\times10^{18}}\right)=1.32\text{mC}$$

$$C=\frac{Q}{V}=\frac{1.32\text{mC}}{60\text{V}}=22\mu\text{F}$$

例 14.2　在 470μF 电容上施加 40V 电压，求出电容上的电荷量。

解：

$$Q=C\cdot V=470\mu\text{F}\times40\text{V}=18.8\text{mC}$$

概览

本项目的第一部分将练习使用数字式万用表对电容进行测量，包括电容的串联和并联连接；第二部分将观察电容在 RC 电路中充满电时的一些简单特性。需要注意的是，有些电容是有极性的，因此务必确保电容的正极始终连接到电压高的一端。

步骤

1. 测量电容

（1）有些数字式万用表不具备测量电容的功能，本项目中使用的数字式万用表有电容

模式，可以测量电容。电容的标准单位是 F，本项目中待测的电容理论标准值分别为 C_1=100μF，C_2=220μF。

（2）打开数字式万用表并将拨盘转至 Ω 的位置，然后按图 14.4 所示的箭头按下 SEL 选择按钮，此时应该观察到显示屏底部的电容单位，如 μF。

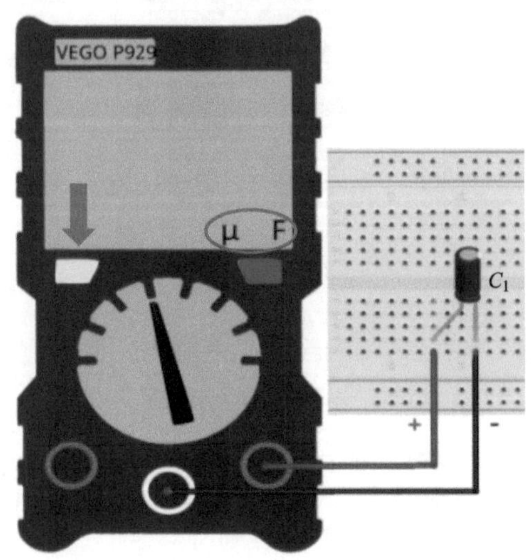

图 14.4 电容模式设置

（3）对于有极性的电容，其负极通常会有“-”标识，且引脚较短。将调成电容模式的数字式万用表正确连接电容，并分别测量 C_1 和 C_2。在下方记录测量结果。注意，电容的测量误差通常较大。

$C_{1\text{-measured}}$=______________

$C_{2\text{-measured}}$=______________

（4）测量 C_1 和 C_2 并联及串联时的等效电容，连接方法如图 14.5 和图 14.6 所示，将测量值记录在表 14.1 中。

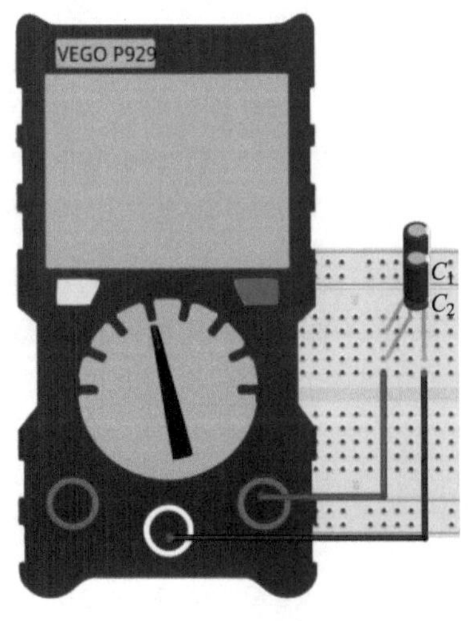

图 14.5 并联电容

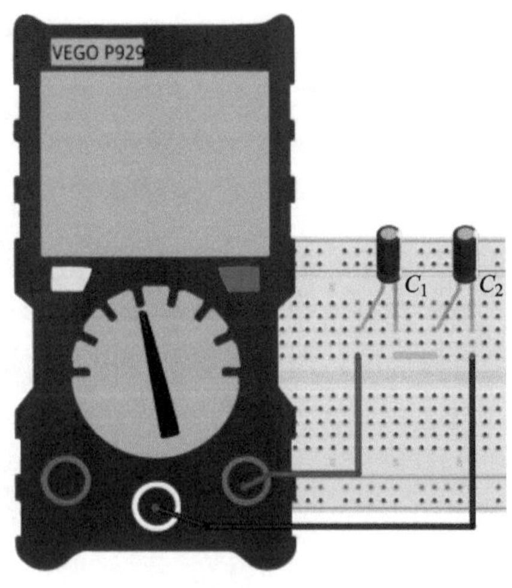

图 14.6 串联电容

（5）当 C_1 和 C_2 并联或串联时，使用理论公式计算其等效电容，将计算结果记录在表 14.1 中，计算时使用理论标准值。

计算：

表 14.1　记录表 1

$C_{parallel\text{-}measured}$	$C_{series\text{-}measured}$	$C_{parallel\text{-}calculated}$	$C_{series\text{-}calculated}$

2. 观察电容在 RC 电路中的特性

（1）在面包板上搭建 RC 串联电路，其中，V_{source}=10V，R_1=1.2kΩ，C_1=100μF。面包板电路可参考图 14.7。注意，要确保电容的负极接到低电压端。

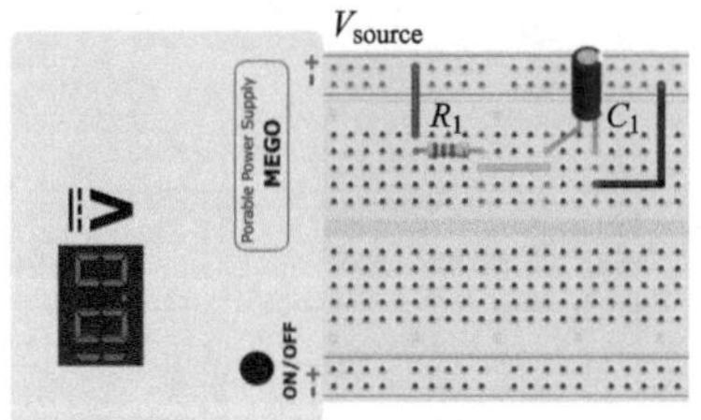

图 14.7　面包板电路

（2）使用以下公式计算时间常数 τ，将计算结果填入表 14.2 中。

$$\tau=R_1\cdot C_1$$

（3）如图 14.8（a）所示是一个串联 RC 电路，当电容充满电后就等于开路，因此电流为 0，如图 14.8（b）所示。计算充满电后的开路电压 V_{C1}，并填入表 14.2 中。

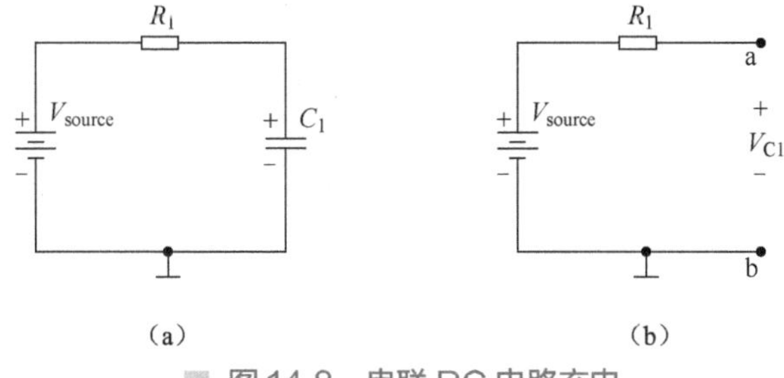

图 14.8　串联 RC 电路充电

（4）下面通过实验进行测量，为了观察电容在充满电时的特性，要确保电源接入电路的时间超过 5 倍的时间常数。

（5）测量通过 C_1 的电流（$I_{\text{C1-measured}}$）和 C_1 两端的电压（$V_{\text{C1-measured}}$）。测量方法可以参考图 14.9。将测量结果记录在表 14.2 中。

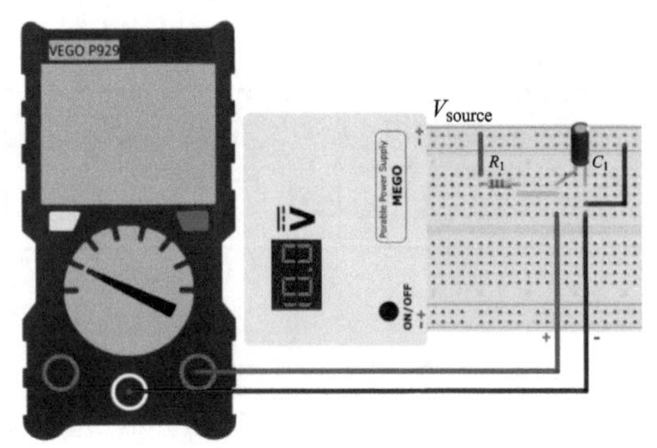

（a）测量 C_1 的电压

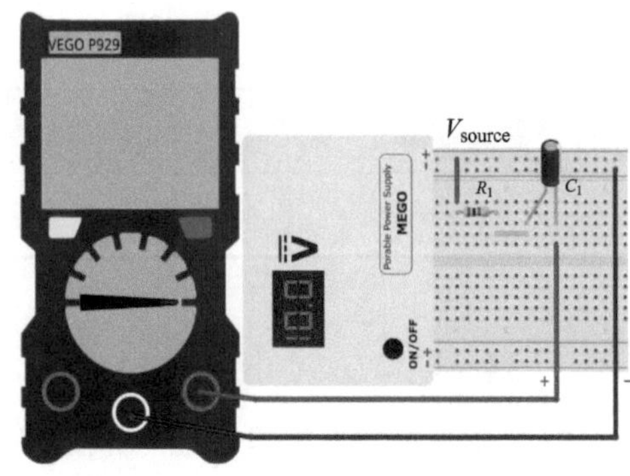

（b）测量 C_1 的电流

图 14.9　测量方法

表 14.2　记录表 2

τ	$V_{\text{C1-calculated}}$	$I_{\text{C1-calculated}}$	$V_{\text{C1-measured}}$	$I_{\text{C1-measured}}$

（1）对比表 14.2 中的测量值和计算值，两者是否接近？

（2）电路如图 14.10 所示，其中，V_{source}=10V，R_1=1kΩ，R_2=100Ω，C_1=100μF。当电容充满电后，C_1 的最大电压是多少？将计算过程写在下方。

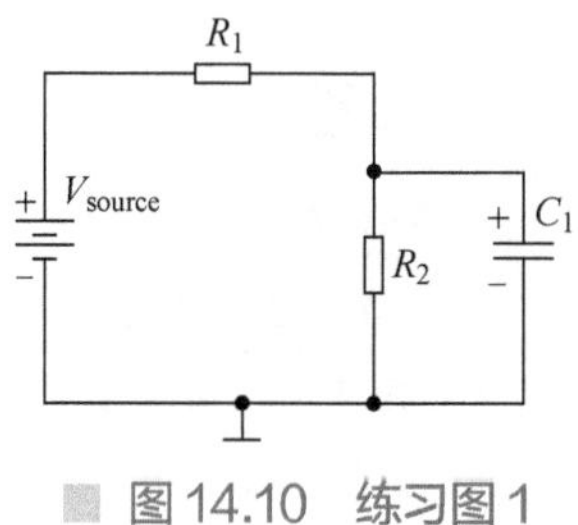

图 14.10　练习图 1

计算：

（3）计算图 14.11 所示电路中的总电容，并在下方画出等效电路。其中 V_{source}=10V，C_1=100μF，C_2=220μF，C_3=10μF。

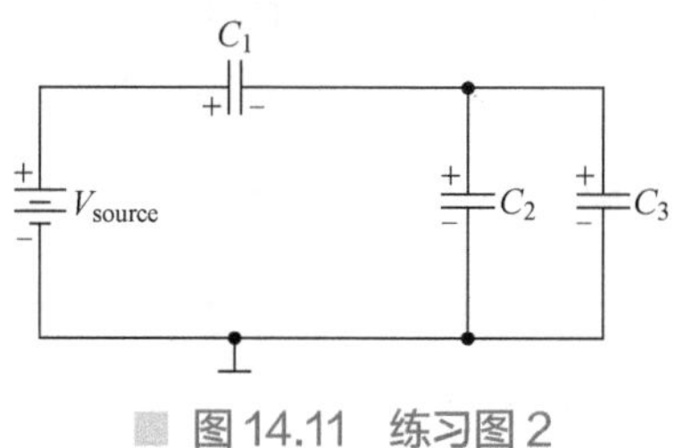

图 14.11　练习图 2

计算：

姓名：
日期：
课程：
指导老师：

RC 电路

目标

（1）通过实验理解 RC 电路中时间常数 τ 的物理意义。

（2）测量并绘制电容充放电时的电压变化曲线图。

设备需求

仪　器	元　件	工　具
面包板电源 数字式万用表 计时器	100kΩ 电阻（1/4W）×1 100μF 电容（25V）×1 开关×1	面包板 导线 剥线钳

设备检查

小组成员检查上述仪器是否准备完毕，记录所使用仪器的型号（若无法确定可询问指导老师），并记录实验小组的编号。

设　备	型　号	实验小组
面包板电源 数字式万用表		

理论

电荷在电容极板上的沉积并不是瞬间完成的。如图 15.1 所示，当开关打开时，电路开路，电容两端的电压为 0V，通过电路的电流是 0A，开关关闭的瞬间，两个极板之间开始积累电荷，上极板积累正电荷，下极板积累负电荷。开始时，电子的转移十分迅速，随着两极板之间的电压慢慢接近电池两端的电压，电子的移动速度会降低。

当电容两端电压等于电源两端电压时，电子就会停止转移，此时极板上所积累的净电荷为

$$Q = C \cdot V_C = C \cdot E$$

将电荷在极板上沉积的这段时间称为瞬态期，它也指电压或电流从一个稳态电平变为另一个稳态电平的时间段。

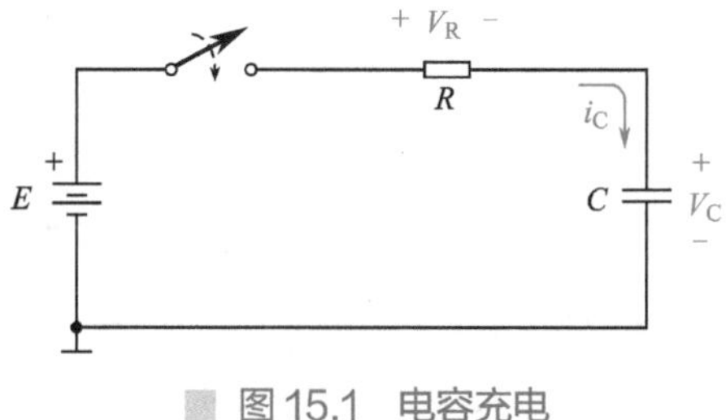

图 15.1　电容充电

在图 15.2 中，当开关从位置 1 拨动至位置 2 时，电容内的电荷则经由电阻 R 开始释放。当开关处于位置 1 时，进入充电回路，电容开始进行充电。在完全充电之后，如果将开关移到位置 2，电容可以通过图 15.3 所示电路放电。

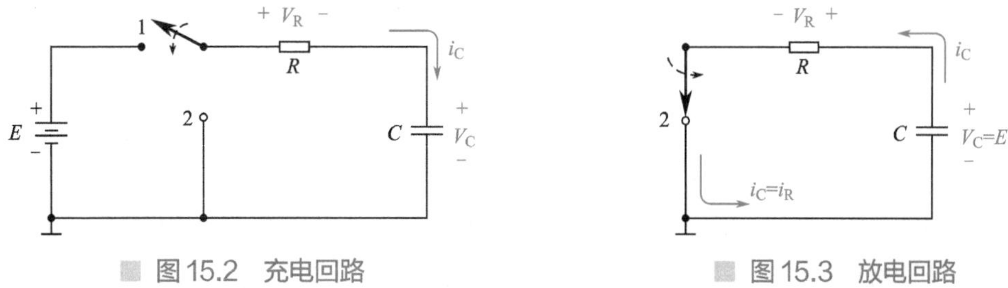

图 15.2　充电回路　　图 15.3　放电回路

对于由电容和电阻构成的充电/放电电路中，时间常数 τ 是一个重要的参数，其计算方法为：

$$\tau = R \cdot C$$

它间接反映了该电路的充电或放电速率。事实上，一个完整的充电或放电所需的时间大约等于 5 倍的时间常数。

本实验将观察 RC 电路的瞬态响应行为，也就是短时间内的输出变化。从理论上说，一个未充电的电容在接入电源后，电流会流入电容，进而使其电压迅速上升。该现象可以类比成将水倒入一个空的水盆里。电容电压上升的速率是由时间常数 τ 确定的，其公

式如下：

$$V_C(t)=V_{ss}\left(1-e^{-\frac{t}{RC}}\right)=V_{ss}\left(1-e^{-\frac{t}{\tau}}\right)$$

这里的V_{ss}就是电容充满电后的开路电压。通过以上公式可以看出，电容的充电电压与时间呈指数函数关系，这一点在实验的绘图部分可以体现出来。

例 15.1　分析如图 15.4 所示电路。

（1）如果开关在 t=0s 时闭合，写出V_C、I_C和V_R的瞬态方程式。

（2）绘制V_C与时间常数的关系图。

（3）绘制V_C随时间变化的波形。

（4）绘制I_C和V_R与时间常数的关系图。

（5）t=20ms 时V_C的值是多少？

（6）电容充满电需要多长时间？

（7）求充电阶段之后极板上的电荷量。

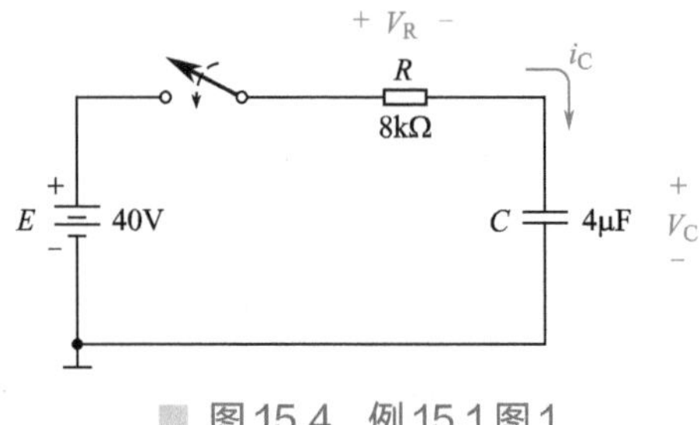

图 15.4　例 15.1 图 1

解：（1）电路的时间常数为

$$\tau=R\cdot C=8\text{k}\Omega\times4\mu\text{F}=32\text{ms}$$

得出以下方程式：

$$V_C=E\left(1-e^{-t/\tau}\right)=40\text{V}\left(1-e^{-t/32\text{ms}}\right)$$

$$i_C=\frac{E}{R}e^{-t/\tau}=\frac{40\text{V}}{8\text{k}\Omega}e^{-t/32\text{ms}}=5\text{mA}e^{-t/32\text{ms}}$$

$$V_R=Ee^{-t/\tau}=40\text{V}e^{-t/\tau}$$

（2）V_C与时间常数的关系图如图 15.5 所示。

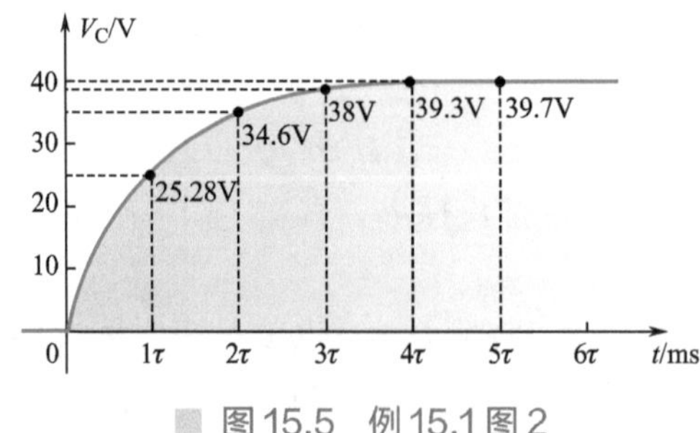

图 15.5　例 15.1 图 2

（3）V_C 随时间变化的波形如图 15.6 所示。

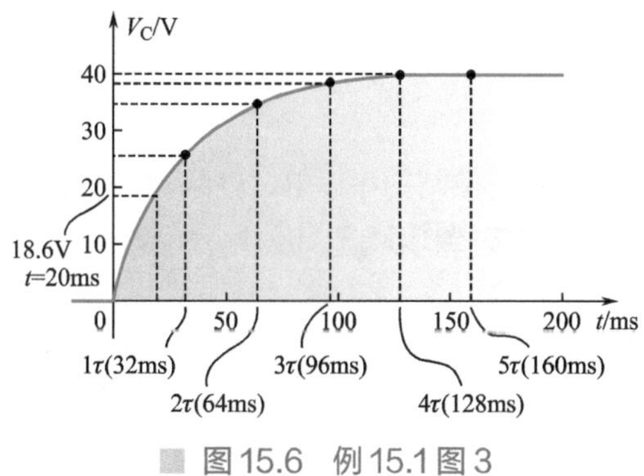

图 15.6　例 15.1 图 3

（4）I_C 和 V_R 与时间常数的关系图如图 15.7 所示。

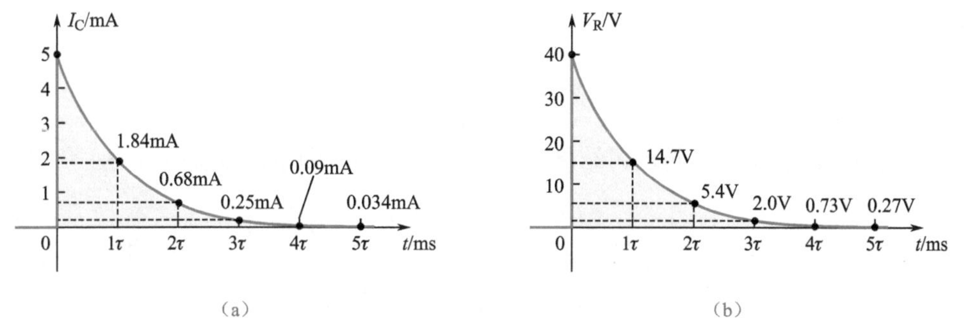

图 15.7　例 15.1 图 4

（5）将时间 t=20ms 代入方程式的指数部分，结果如下：

$$e^{-t/\tau} = e^{-20\text{ms}/32\text{ms}} = e^{-0.625} = 0.535$$

$$V_C = 40\text{V}\left(1 - e^{-20\text{ms}/32\text{ms}}\right) = 40\text{V}\left(1 - 0.535\right)$$

$$= 40\text{V} \times 0.465 = 18.6\text{V}$$

（6）电容充满电需要的时间为

$$5\tau = 5 \times 32\text{ms} = 160\text{ms} = 0.16\text{s}$$

（7）当充电阶段过去后：

$$Q = C \cdot V = 4\mu\text{F} \times 40\text{V} = 160\mu\text{C}$$

概览

本项目将搭建一个串联 RC 电路，并绘制电容在充电阶段不同时刻的电压曲线。第一部分将通过元件的测量值计算时间常数；第二部分将使用 τ 来计算不同时刻对应的电容电压，即 V_C 的值；第三部分将绘制电容电压与时间的关系图，使读者加深理解两者的数学关系。

步骤

1. 充电实验

（1）根据图 15.8（a）搭建由开关控制的串联 RC 电路，将电源设置为 9V，选用 R_1=100kΩ，C_1=100μF。面包板的连接方式可参考图 15.8（b）。

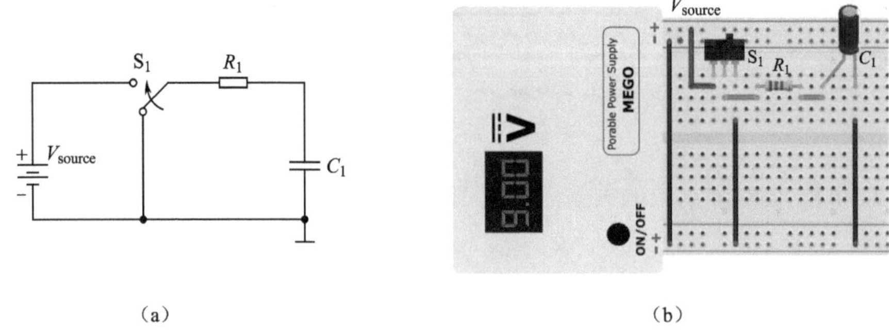

（a）　　（b）

图 15.8　串联 RC 电路

（2）测量电阻和电容，将测量结果记录在表 15.1 中。测量时注意电容的正负极。

表 15.1　记录表 1

$C_{1\text{-measured}}$	$R_{1\text{-measured}}$	$\tau_{\text{calculated}}$	$5\tau_{\text{calculated}}$

（3）使用表 15.1 中的测量值计算时间常数 τ 和 5τ，并将结果填入表 15.1 中。

计算：

2. 计算电容和电阻两端的电压

（1）RC 电路中电容的充电电压表达式为 $V_C=V_{ss}\left(1-e^{-\frac{t}{\tau}}\right)$，其中 V_{ss} 是电容充满电后的开路电压，计算 V_{ss} 并将结果填入表 15.2 中。

计算：

（2）分别计算 $t=\tau$ 和 $t=5\tau$ 时对应的电容电压 V_C，将计算结果填入表 15.2 中。

计算：

（3）根据步骤（1）中给出的公式，计算 t=30s 时对应的电容电压 V_C，将计算结果填入表 15.2 中。

计算：

表 15.2　记录表 2

V_{ss}	$V_C(t=\tau_{calculated})$	$V_C(t=5\tau_{calculated})$	$V_C(t=30s)$

3. 绘制电容充电曲线

（1）参考图 15.9，测量电容电压，将开关接通后，立即按表 15.3 中的时间间隔测量对应的电容电压。建议两个人为一组，其中一人读值，另一人记录数据。

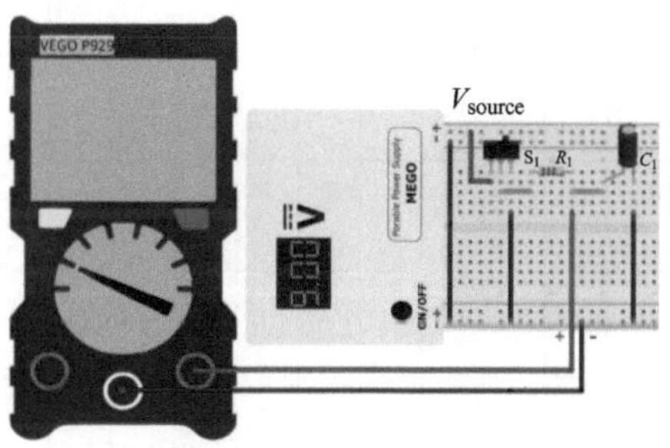

图 15.9　测量电容电压

表 15.3　记录表 3

t(s)	0	5	10	15	20	30	40	50	60	70
V_C(V)	0									

（2）电阻两端的电压可以表示为 $V_R=V_{source}-V_C$，根据该公式完成表 15.4。

计算：

表 15.4 记录表 4

t(s)	0	5	10	15	20	30	40	50	60	70
V_R(V)	9									

（3）在图 15.10 中，分别绘制 V_C 与时间的关系曲线（实线）及 V_R 与时间的关系曲线（虚线）。在图中标记出 τ 和 5τ 这两个时间点所对应的电压。在 5τ 这个时间点，电容应刚好达到充满电的状态，如果图中有很大的偏差，请仔细检查第三部分的操作。

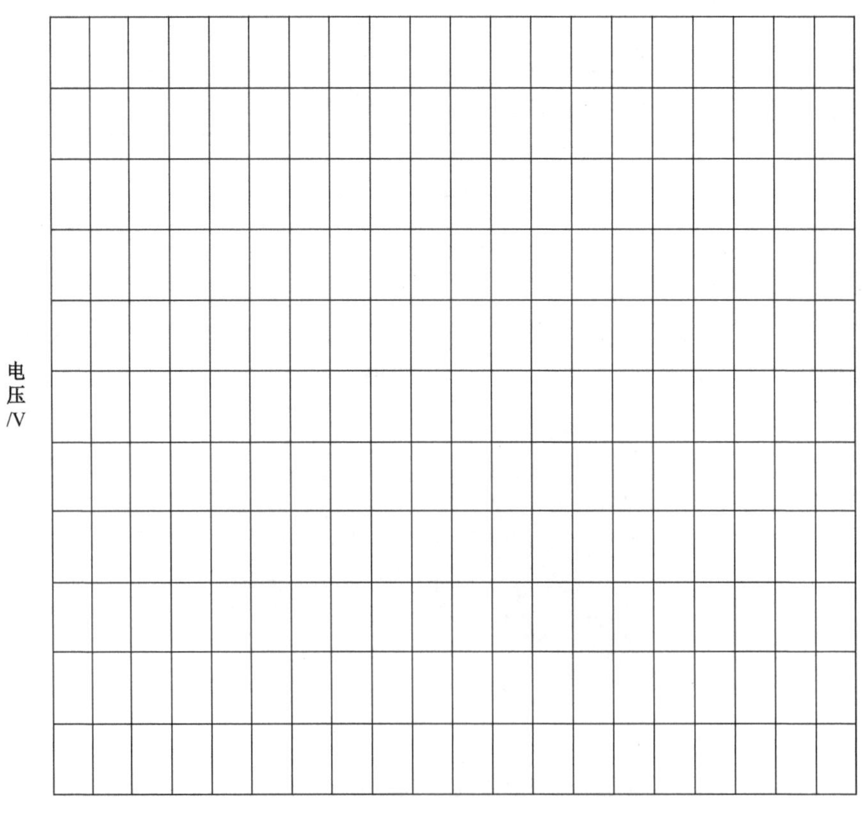

图 15.10 V_C及 V_R与时间的关系

练习

（1）如图 15.11 所示，假设 R_1=100kΩ，R_2=70kΩ，C_1=100μF。假设电容最初是未充电的，并且开始时 V_{source} 设置为 9V(t=0s)。回答以下问题。

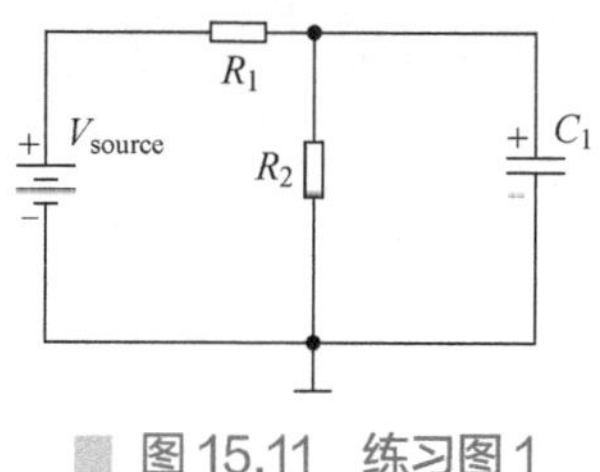

图 15.11　练习图 1

① 电容充满电后，确定电容的最终电压。

② 计算电路的时间常数（提示：使用戴维南定理求解时间常数）。

（2）如图 15.12 所示，假设 R_1=50kΩ，C_1=100μF。假设电容最初未充电，并且开始时 V_{source} 设置为 5V(t=0s)。计算电容充电的时间。

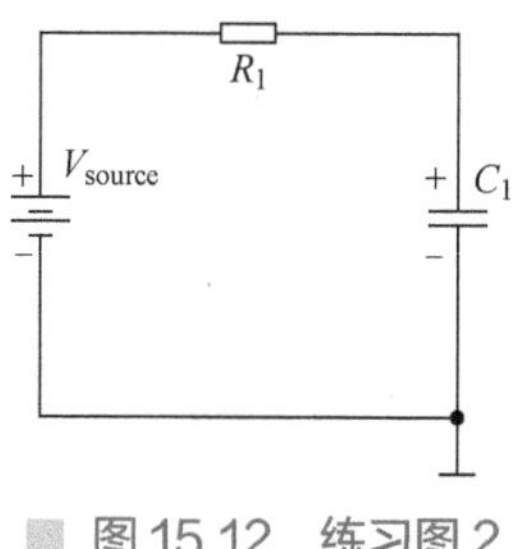

图 15.12　练习图 2

计算：

姓名：

日期：

课程：

指导老师：

电　感

目标

通过实验方式理解电感在直流电路中的特性。

设备需求

仪　器	元　件	工　具
面包板电源 数字式万用表	1.0kΩ 电阻（1/4W）×1 10mH 电感（1W）×1	面包板 导线 剥线钳

设备检查

小组成员检查上述仪器是否准备完毕，记录所使用仪器的型号（若无法确定可询问指导老师），并记录实验小组的编号。

设　备	型　号	实验小组
面包板电源 数字式万用表		

理论

与电阻和电容一样，电感也是一种常见的无源器件，如图 16.1 所示，其结构非常简单，通常是线圈中间套一个磁芯，磁芯可以用铁制成。当有电流流经电感时，就会产生磁场，且电流越大磁场强度越大。电感的单位为亨利（H），但大多数情况下都使用毫亨（mH）或者微亨（μH）。电感的性能主要取决于磁芯的截面积、线圈的长度、磁芯材料的磁导率和线圈的匝数，如下式所示。

$$L=\frac{\mu N^2 A}{l}$$

其中：

μ 为磁芯材料的磁导率；

N 为线圈的匝数；

A 为磁芯的截面积；

l 为线圈的长度；

L 为电感。

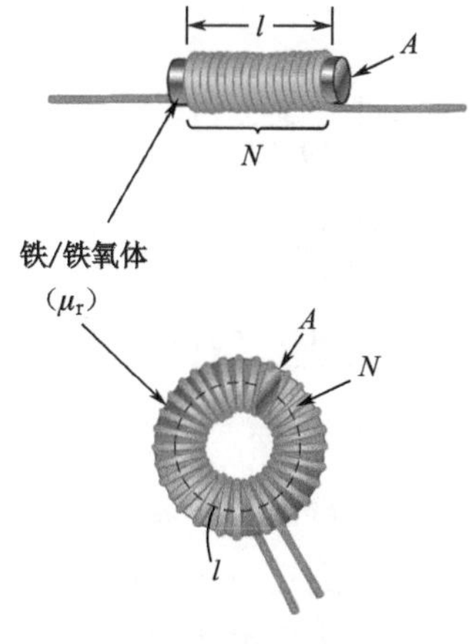

图 16.1 电感

要注意的是，电感与匝数的平方成正比，匝数越多，电感越大。如果导线做得太细，在磁芯上缠绕很多绕组，则电感的额定电流将受到限制。较高的磁导率将产生较大的磁通量。

将 $\mu=\mu_r\mu_0$ 代入上式，得：

$$L=\frac{\mu_r\mu_0 N^2 A}{l}$$

$$\mu_0=4\pi\times10^{-7}\,\mathrm{Wb/(A\cdot m)}$$

$$L=4\pi\times10^{-7}\frac{\mu_r N^2 A}{l}$$

$$L = \mu_r \left(\frac{\mu_0 N^2 A}{l} \right)$$

最终得到：

$$L = \mu_r L_0$$

例 16.1　分析如图 16.2 所示线圈。

（1）求出此时电感的大小。

（2）将 μ_r =2000 的金属芯插入其中，求此时电感的大小。

注：in 为英寸，1m=39.37in。

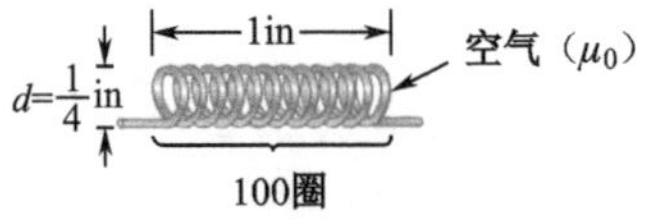

图 16.2　例 16.1 图

解：

（1）由图 16.2 可知：

$$d = \frac{1}{4}\text{in}\left(\frac{1\text{m}}{39.37\text{in}} \right) = 6.35\text{mm}$$

$$A = \frac{\pi d^2}{4} = \frac{\pi (6.35\text{mm})^2}{4} = 31.67\mu\text{m}^2$$

$$l = 1\text{in}\left(\frac{1\text{m}}{39.37\text{in}} \right) = 25.4\text{mm}$$

$$L = 4\pi \times 10^{-7} \frac{\mu_r N^2 A}{l}$$

$$= 4\pi \times 10^{-7} \frac{1 \times 100^2 \times 31.67\mu\text{m}^2}{25.4\text{mm}} = 15.68\mu\text{H}$$

（2）电感为

$$L = \mu_r L_0 = 2000 \times 15.68\mu\text{H} = 31.36\text{mH}$$

电感与电阻及电容一样，可以分为固定电感、可变电感。图 16.3 列出了各种类型的电感。电感的大小主要由类型、结构和额定电流决定。

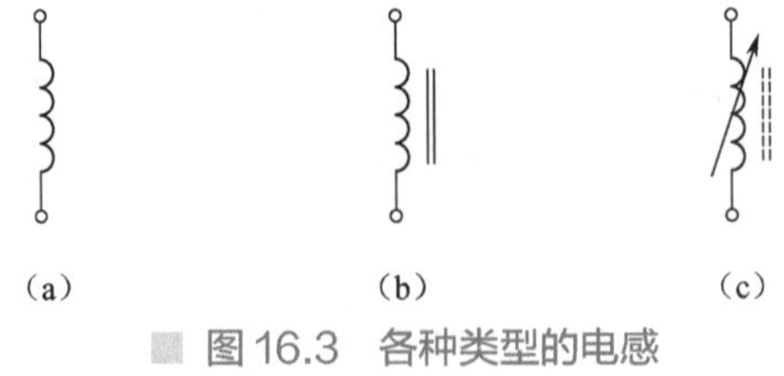

图 16.3　各种类型的电感

如图 16.4（a）和（b）所示，1mH 线圈使用了更细的导线，这样在相同空间内就有更多匝数，但会导致额定电流从 10A 下降到 1.3A。如果使用 10μH 线圈的导线来制作 1mH 线圈，所得线圈的尺寸将是 10μH 线圈的许多倍。图 16.4（c）清楚地揭示了导线直径的影响，使用较粗的导线可以将额定电流从 1.3A 提高到 2.4A。

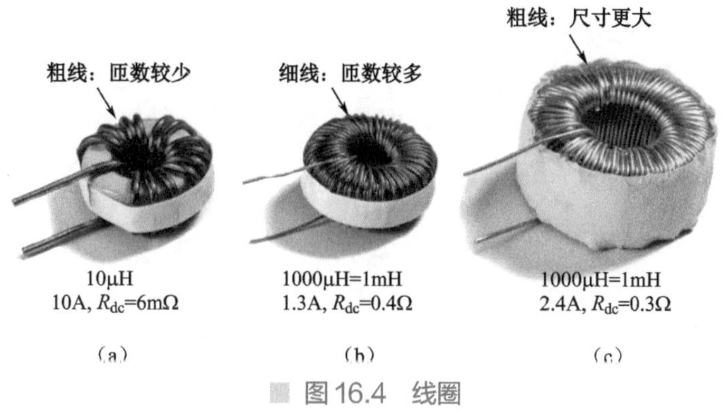

图 16.4 线圈

如图 16.5 所示是醛电感（使用树脂或塑料的非铁磁芯），这种元件的电感非常小。它使用非常细的导线，所以额定电流较小，仅为 350mA。

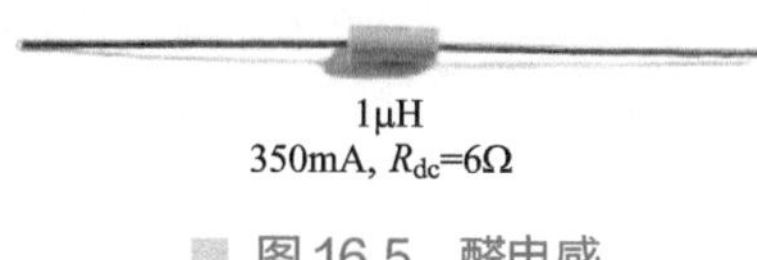

图 16.5 醛电感

如图 16.6 所示是铁氧体磁芯电感，这种元件的电感虽然较大，但为了产生较大的电感值，通常导线非常细，所以额定电流仅为 11mA。对于所有电感来说，电感的直流电阻会随着导线直径的减小而增大。10μH 环形线圈的直流电阻仅为 6mΩ，而 100mH 铁氧体磁芯电感的直流电阻为 700Ω，这是为小尺寸和高电感而做出的妥协。

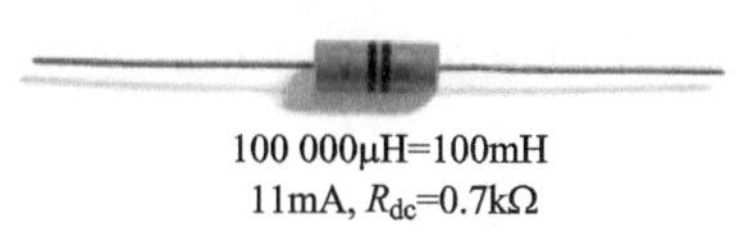

图 16.6 铁氧体磁芯电感

电感与电容都是可以存储能量的电子元件。电容以电场的形式存储能量，而电感以磁场的形式存储能量。与电容相比，理想电感在满载时可视为短路。在现实中，非理想电感可以看成一个理想电感与一个内部电阻 R_L 的串联结构，如图 16.7 所示，通常 R_L 越小代表在电感值相同的情况下负载电流能力越强。

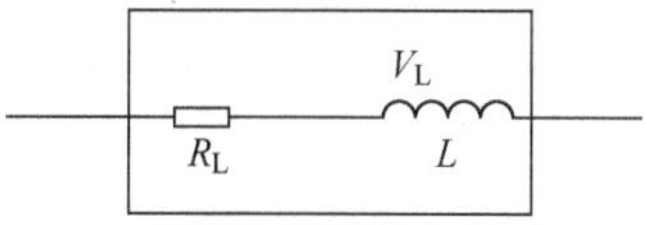

图 16.7 非理想电感

与 RC 电路相同，在串联 RL 电路中，电感电流达到其满载值所需的时间也等于 5 倍的时间常数。在 RL 电路中，时间常数的计算方法如下：

$$\tau = \frac{L}{R}$$

其中，R 的单位是 Ω，L 的单位为 H。

电感达到满载后即可看作短路，也就是一根导线。对于理想电感，其满载时的两端直流电压为 0V，而对于非理想电感，由于其内阻不为零，因此电感两端会存在少量的压降。注意，电感的内阻不是实际存在的元件，而是展现出来的一种等效于电阻的物理特性，所以需要和实际的电阻加以区分。

在串联与并联电路中，等效电感的计算方法如下：

$$L_{total} = L_1 + L_2 + L_3 + \cdots \qquad 串联$$

$$\frac{1}{L_{total}} = \frac{1}{L_1} + \frac{1}{L_2} + \frac{1}{L_3} + \cdots \qquad 并联$$

概览

本项目的第一部分将学习理想电感的电气特性，尤其是在满载的情况下计算 RL 电路中的串联电流；在第二部分中，将通过测量来验证简单串联 RL 电路中非理想电感的特性，并定义电感的内阻。

步骤

1. 计算理想电感的时间常数

（1）搭建图 16.8（a）所示电路，其中，V_{source}=9V，R_1=1kΩ，L=10mH。面包板电路可参考图 16.8（b）。测量 R_1 并将测量值填入表 16.1 中。

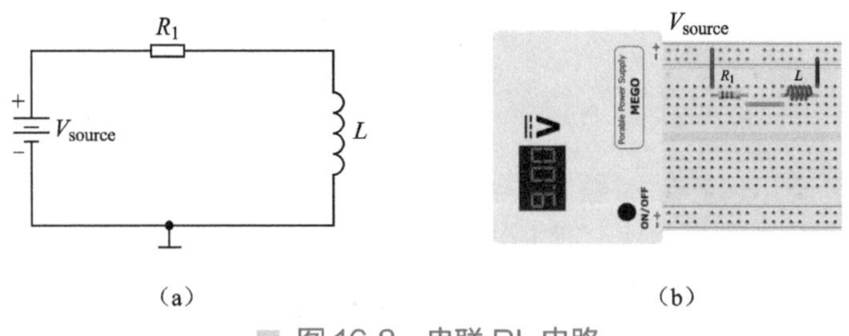

（a）　　（b）

图 16.8　串联 RL 电路

（2）使用以下公式计算时间常数 τ，将计算值填入表 16.1 中。

$$\tau = \frac{L}{R}$$

（3）由于电感在满载后如同短路，这就意味着 V_L 为 0V，见表 16.1 第 3 列。使用欧姆定律来计算电感的满载电流，将计算结果记录在表 16.1 中。

2. 测量非理想电感

（1）为确保电感已达到满载，在打开电源后等待一段时间，该时间应大于 5τ。

（2）测量电感中的电流 $I_{L\text{-}measured}$ 及电感两端的电压 $V_{L\text{-}measured}$，测量方式可以参考图 16.9，将测量结果填入表 16.1 中。

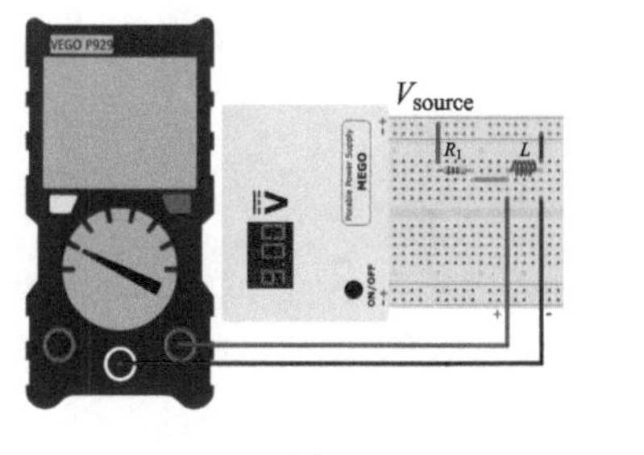

（a）

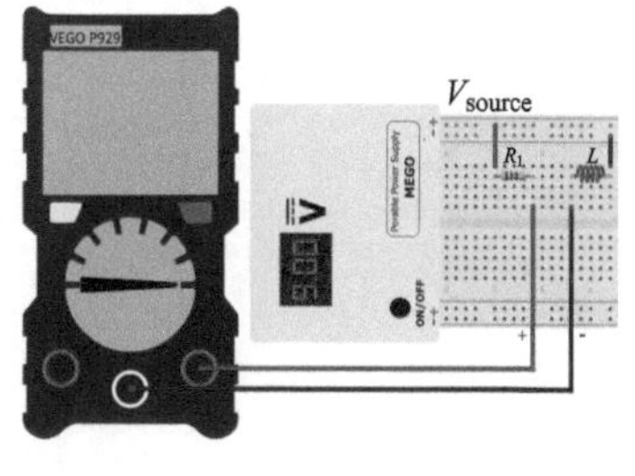

（b）

图 16.9　测量方式

表 16.1　记录表 1

$R_{1\text{-measured}}$	τ	$V_{L\text{-calculated}}$	$I_{L\text{-calculated}}$	$V_{L\text{-measured}}$	$I_{L\text{-measured}}$
		0V			

（3）在表 16.1 中，如果发现 $V_{L\text{-measured}}$ 不为 0V，且 $I_{L\text{-measured}}$ 与 $I_{L\text{-calculated}}$ 偏差较大，则是电感的内阻 R_L 导致的。图 16.10 中的红色虚线部分给出了更真实的电感模型。

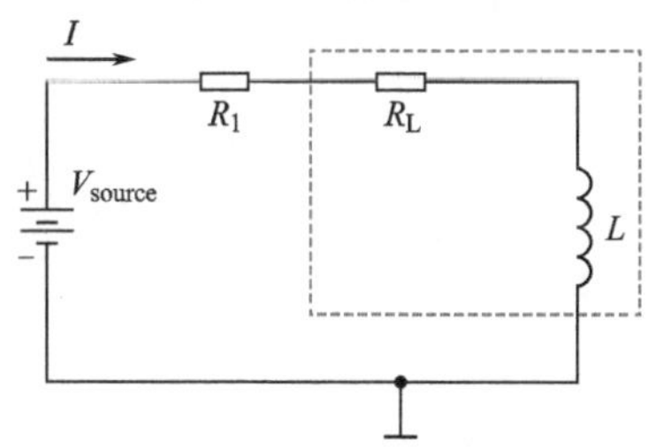

图 16.10　电感内部的等效电路

（4）可以通过两种方法确定电感的内阻。第一种方法是将数字式万用表调至电阻模式后直接测量电感内阻，将测量值记录在表 16.2 中。

（5）第二种方法是使用欧姆定律来计算内阻，前面测量了电感两端的压降及电流，将计算出的电感内阻记录在表 16.2 中。

表 16.2　记录表 2

$R_{L\text{-measured}}$	$R_{L\text{-calculated}}$

练习

（1）计算图 16.11 所示电路的总电感，并在下方画出等效电路。其中，V_{source}=10V，L_1=100mH，L_2=220mH，L_3=10mH。

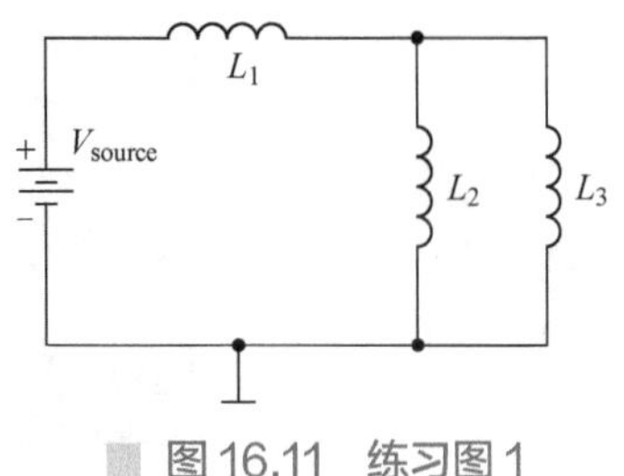

图 16.11　练习图 1

计算：

（2）假设图 16.12 所示电路中的电感是理想电感，计算该电路中的时间常数，以及电感充满电的时间。提示：可以使用戴维南定理将该电路等效为一个电压源与电阻串联的结构。

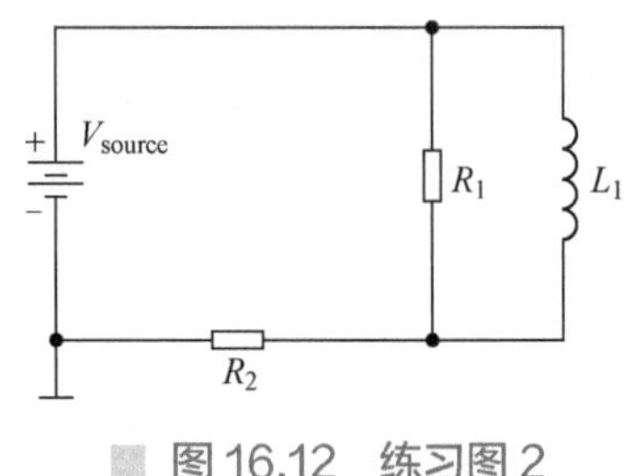

图 16.12　练习图 2

计算：

（3）在题（2）的电路中，假设电感是非理想电感，且内阻 R_L=63Ω。则该电路达到满载后，R_1 和 R_2 两端的压降分别是多少？

计算：

姓名：

日期：

课程：

指导老师：

AC 电路

目标

（1）熟悉 AC 信号的数学公式。

（2）了解三种常用的波形：正弦波、三角波、方波。

（3）熟悉示波器的操作。

设备需求

仪　器	元　件	工　具
数字式万用表 信号发生器 示波器	100Ω 电阻（1/4W）×1 1.2kΩ 电阻（1/4W）×1 3.3kΩ 电阻（1/4W）×1 10mH 电感×2 0.47μF 电容×1 1μF 电容×1	面包板 导线 剥线钳

设备检查

小组成员检查上述仪器是否准备完毕，记录所使用仪器的型号（若无法确定可询问指导老师），并记录实验小组的编号。

设　备	型　号	实验小组
多功能硬件调试助手 数字式万用表		

理论

此前所有的内容都是基于直流的分析，所谓直流，就是电流或电压的大小是恒定的。下面将注意力转向电源大小会变化的电路，特别是电压随着时间变化的电路，它的应用在生活中无处不在，通常称为交流电（AC）。

正弦交流电的应用遍及电气、电子、通信和工业系统。

正弦交流电有多种来源，如家用插座提供的正弦交流电源于发电厂如图 17.1（a）所示，便携式交流发电机如图 17.1（b）所示。为了保护自然资源和减少污染，风能、太阳能和燃料电池越来越受到关注。风力发电站的螺旋桨如图 17.1（c）所示，太阳能电池如图 17.1（d）所示。如图 17.1（e）所示为**函数发生器**，也称**信号发生器**，可以直接生成正弦交流电。

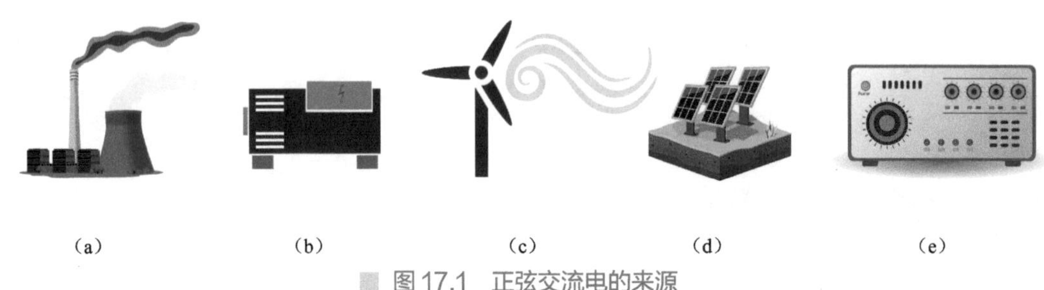

（a）　　（b）　　（c）　　（d）　　（e）

图 17.1　正弦交流电的来源

1. 复习数学概念（选修）

勾股定理描述了直角三角形内角之间的关系。它指出斜边的平方等于其他边的平方和。

$$Z^2 = X^2 + Y^2$$

$$\sin\theta_1 = \frac{对边}{斜边} = \frac{Y}{Z}$$

$$\cos\theta_1 = \frac{邻边}{斜边} = \frac{X}{Z}$$

$$\tan\theta_1 = \frac{\sin\theta_1}{\cos\theta_1} = \frac{Y/Z}{X/Z} = \frac{Y}{X} = \frac{对边}{邻边}$$

$$\theta_1 = \sin^{-1}\frac{Y}{Z} = \cos^{-1}\frac{X}{Z} = \tan^{-1}\frac{Y}{X}$$

$$\theta_2 = \sin^{-1}\frac{X}{Z} = \cos^{-1}\frac{Y}{Z} = \tan^{-1}\frac{X}{Y}$$

1）向量的表达方式

复数的矩式是向量的第一种表达方式，如下所示。实部和虚部确定向量在复平面上指向的位置。

$$Z = X + \mathrm{j}Y$$

图 17.2（a）是上述表达式在复平面上的直观表示。具有正实分量 X 的象限是第一和第四象限。相反，X 在第二和第三象限中为负。类似地，虚部 Y 在第一和第二象限中为正，在第三和第四象限中为负。

第二种表达方式是复数的极式，角度从正实数开始测量，如图 17.2（b）所示，表达式为

$$Z = Z\angle\theta$$

下面的公式是矩式与极式之间的转换公式。

矩式转极式：

$$Z = \sqrt{X^2 + Y^2}$$

$$\theta = \tan^{-1}\frac{Y}{X}$$

极式转矩式：

$$X = Z\cos\theta$$

$$Y = Z\sin\theta$$

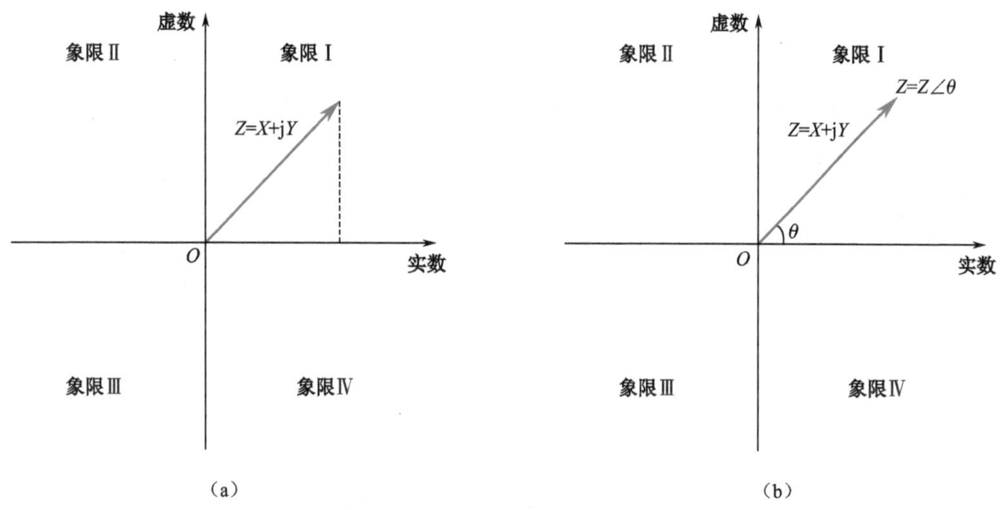

图 17.2　向量的表达方式

2）向量的加减

向量的加减通常是用矩式来完成的。当向量具有相同的角度或相差 180° 时才可以做向量的加减。

矩式：

$$(X_1 + \mathrm{j}Y_1) \pm (X_2 + \mathrm{j}Y_2) = (X_1 + X_2) \pm \mathrm{j}(Y_1 + Y_2)$$

极式：

$$Z_1\angle\theta \pm Z_2\angle\theta = (Z_1 \pm Z_2)\angle\theta$$

$$Z_1\angle\theta \pm Z_2\angle\theta \pm 180° = Z_1\angle\theta \pm Z_2\angle\theta = (Z_1 \pm Z_2)\angle\theta$$

3）向量的乘除

乘通常能以任何一种形式完成，不过相对于过于烦琐的矩式，极式有更简单、直接的表达方式。

矩式：

$$\frac{1}{X + \mathrm{j}Y} = \frac{1}{X + \mathrm{j}Y}\frac{(X - \mathrm{j}Y)}{(X - \mathrm{j}Y)} = \frac{X - \mathrm{j}Y}{X^2 + Y^2} = \frac{X}{X^2 + Y^2} - \mathrm{j}\frac{Y}{X^2 + Y^2}$$

极式：

$$Z_1\angle\theta_1 \times Z_2\angle\theta_2 = Z_1 \times Z_2\angle(\theta_1+\theta_2)$$

除与乘类似。极式的表达方式相对而言更容易一些。

矩式：

$$\frac{X_1+\mathrm{j}Y_1}{X_2+\mathrm{j}Y_2} = \left(X_1+\mathrm{j}Y_1\right)\left(\frac{1}{X_2+\mathrm{j}Y_2}\right) = \left(X_1+\mathrm{j}Y_1\right)\left(\frac{X_2}{X_2^2+Y_2^2} - \mathrm{j}\frac{Y_2}{X_2^2+Y_2^2}\right)$$

极式：

$$\frac{Z_1\angle\theta_1}{Z_2\angle\theta_2} = \frac{Z_1}{Z_2}\angle(\theta_1-\theta_2)$$

2. 常用的信号发生器波形

交流电描述了周期性改变方向的电荷流动，电压也随着电流变化。这与直流电不同，因为直流电仅沿一个方向流动。交流电可以有多种不同的波形，如图 17.3 所示。

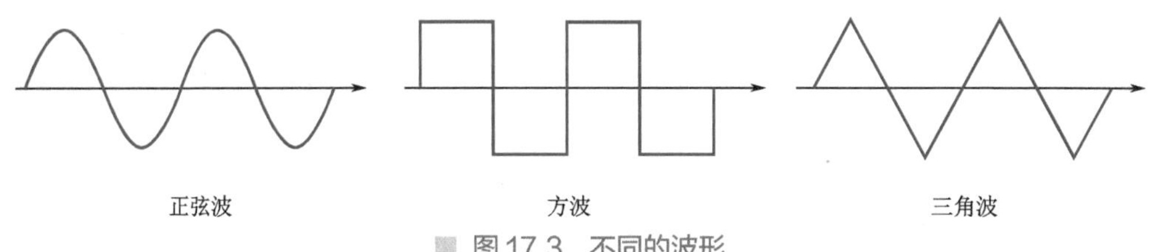

图 17.3 不同的波形

1）正弦波

正弦波（图 17.4）是所有交流电波形中最常见的一种，常用于家庭和办公室供电。正弦波的最大值和最小值交替出现。波峰的高度称为波幅或振幅。频率和周期之间的关系如下：

$$f = \frac{1}{T}$$

$$T = \frac{1}{f}$$

可以看到，随着 T 减小，f 增大。频率可以定义为周期在一秒内重复的次数。它以每秒周期数来衡量，单位为赫兹（Hz）。

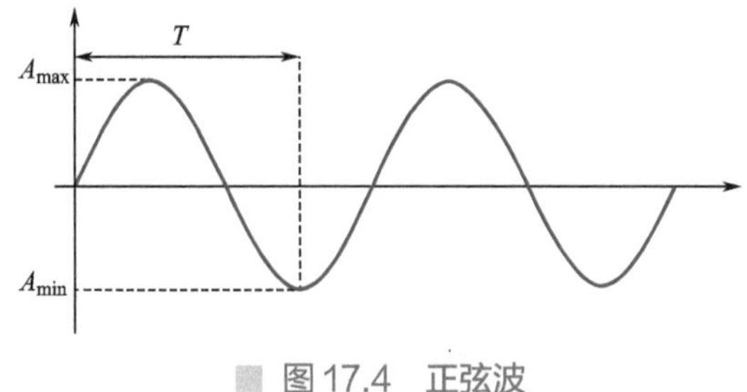

图 17.4 正弦波

2）方波

方波（图 17.5）是另一类波形，常用于数字和开关电子设备。方波通常是对称的波形，每个脉冲具有相同的持续时间。它与正弦波不同，其最大值和最小值之间有非常陡峭的上升和下降。波峰的高度仍称为波幅。波形的周期是从正半部到负半部测量的，脉冲宽度（简称脉宽）是从波的上升到下降测量的，如图 17.5 所示。

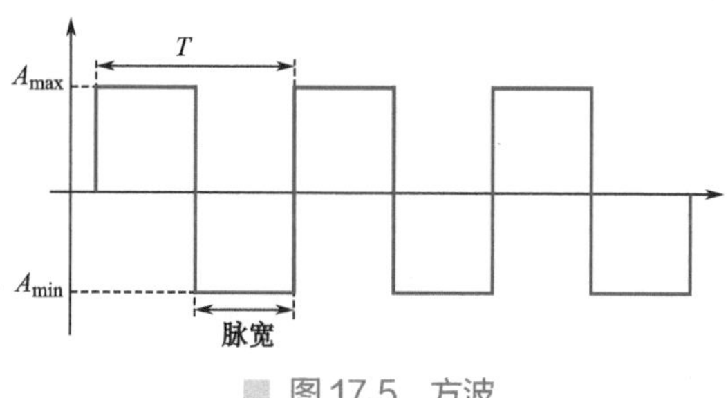

图 17.5　方波

3）三角波

三角波（图 17.6）常用于声音合成和测试线性电子设备，如放大器。它的特点是具有正斜率，上升到最大值后立即以相同的速率下降到最小值，即以相同的速率在最大值和最小值之间振荡。如果速率不同，可产生锯齿波。

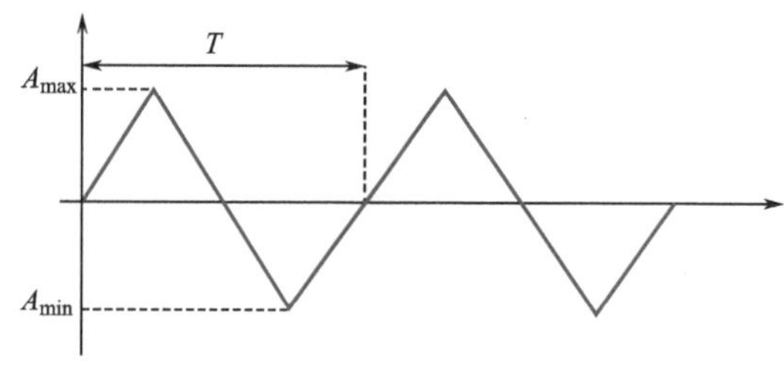

图 17.6　三角波

3. 信号发生器与示波器

信号发生器是典型的实验室仪器。梅林雀信号发生器［图 17.7（a）］可以生成正弦波、三角波和方波，可以调节幅值、频率值以及直流偏置等。

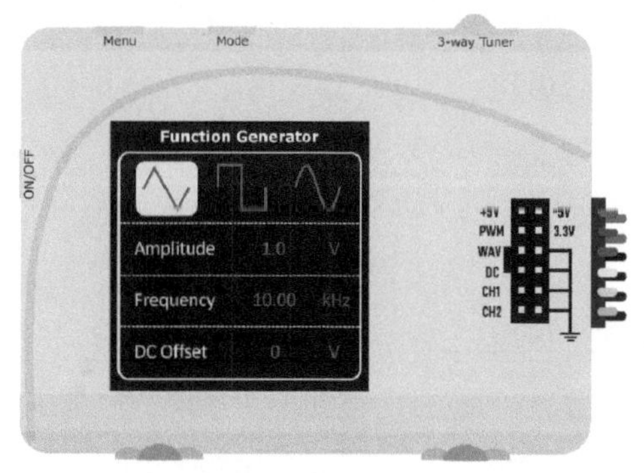

（a）

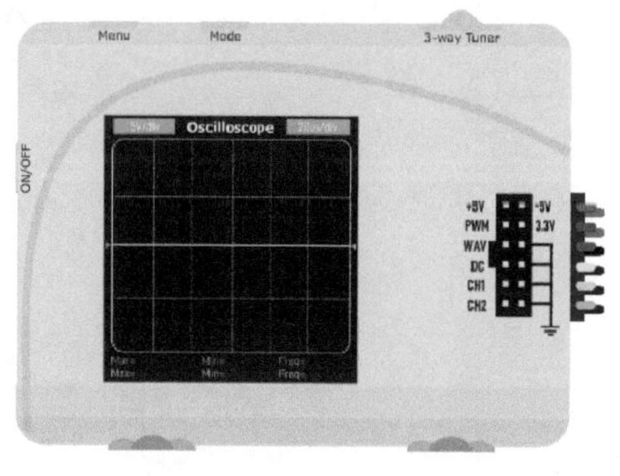

（b）

图 17.7　梅林雀信号发生器和梅林雀示波器

示波器是一种可将电子信号在一定时间内的变化以波形的形式呈现在显示屏上的仪器，通常纵轴表示电压，横轴表示时间。本项目用的梅林雀示波器如图 17.7（b）所示。

例 17.1　观察如图 17.8 所示的正弦波，并回答如下问题。

（1）正弦波的峰值为多少？

（2）在 0.3s 和 0.6s 处的瞬时值是多少？

（3）波形的峰峰值（即最高处与最低处的差值）是多少？

（4）波形的周期是多少？

（5）波形显示了多少个周期？

（6）波形的频率是多少？

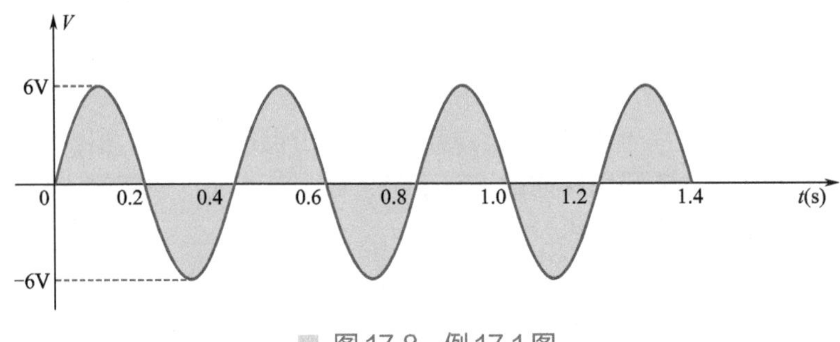

图 17.8　例 17.1 图

解：

（1）6V。

（2）在 0.3s 是-6V，在 0.6s 是 0V。

（3）12V。

（4）0.4s。

（5）3.5 个周期。

（6）1/0.4s=2.5Hz。

例 17.2　确定图 17.9 所示波形的频率。

解：如图 17.9 所示，波形的周期 T 是 20ms，再利用公式：

$$f=\frac{1}{T}=\frac{1}{20\times10^{-3}\text{s}}=50\text{Hz}$$

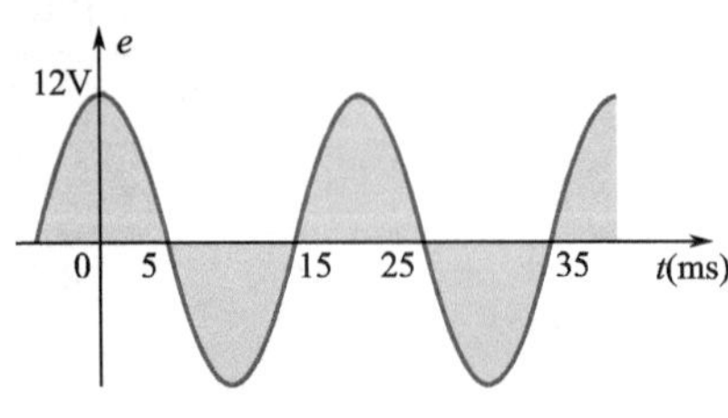

图 17.9　例 17.2 图

概览

本项目需要构建电路，以使用示波器测量各种频率下的电阻、电容和电感，还可以将组件的标准值与其实际测量值进行比较。

步骤

1. 电阻阻值

（1）用 100Ω 和 3.3kΩ 电阻、梅林雀示波器构建图 17.10 所示电路，可以参考图 17.11 所示的构建方式。将数字式万用表设置为电阻模式来依次测量所有电阻阻值。

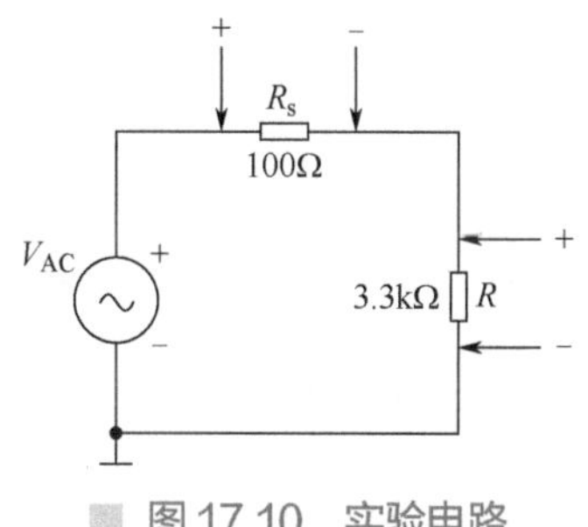

图 17.10　实验电路

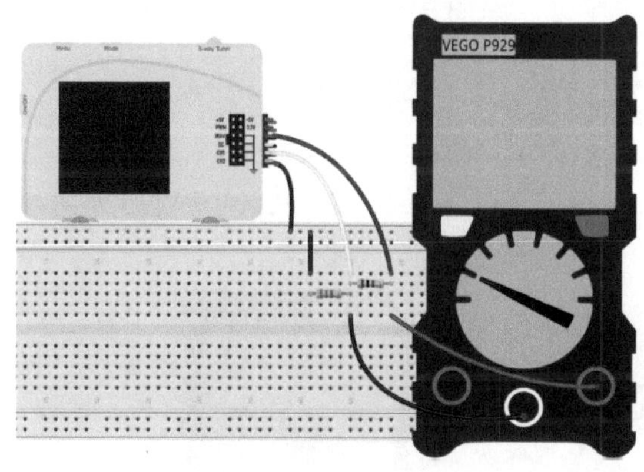

图 17.11　面包板电路

（2）使用梅林雀信号发生器将电压源 V_{AC} 调至幅值为 4V、频率为 1kHz 的正弦波。接下来，用示波器测量电阻 R 的电压，并将幅值记录在表 17.1 中。

（3）由于信号发生器与示波器采用共地模式，因此不能直接测量 R_s 两端电压。此时可以借助数字式万用表，可将数字式万用表设置成 AC 电压模式，按下 SEL 键，即可测出 R_s 的有效电压值，记录在表 17.1 中。

（4）对于正弦波来说，其幅值和有效的关系为

$$V_{\mathrm{RS(peak)}} = \sqrt{2}V_{\mathrm{RS(RMS)}}$$

根据计算，将 R_s 两端电压的幅值 $V_{\mathrm{RS(peak)}}$ 记录在表 17.1 中。

表 17.1　记录表 1

V_R	$V_{\mathrm{RS(RMS)}}$	$V_{\mathrm{RS(peak)}}$	I_{peak}	R

（5）用以下公式计算电流的幅值并填入表 17.1。

$$I_{\mathrm{peak}} = \frac{V_{\mathrm{RS(peak)}}}{R_s}$$

（6）用以下公式计算 R 的值，并填入表 17.1。

$$R = \frac{V_{\mathrm{RS(peak)}}}{I_{\mathrm{peak}}}$$

（7）比较测量的阻值与上一步计算的阻值。

2. 容性阻抗

（1）重新搭建图 17.12 所示电路。可以参考图 17.13 所示的搭建方法。测量电阻的实际阻值，并记录。

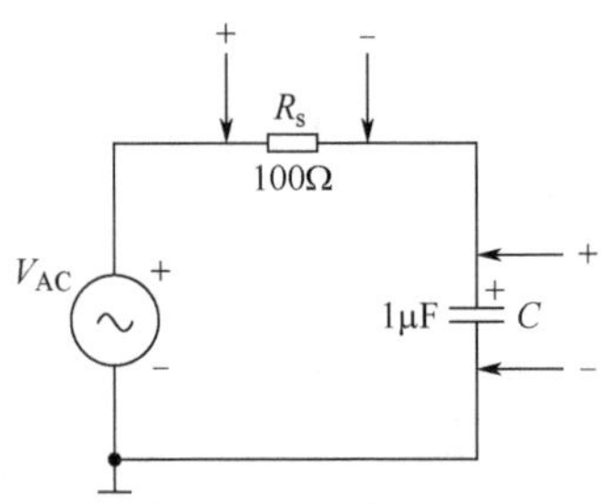

图 17.12　实验电路

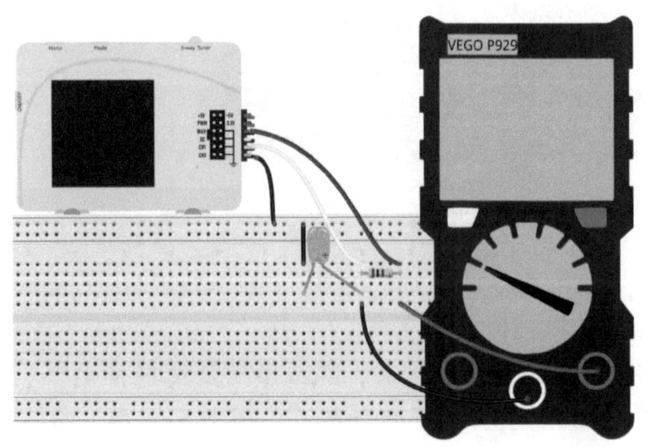

$R_{\text{s-measured}}$ = ________

图 17.13　面包板电路

（2）将交流电压源 V_{AC} 设置成幅值为 4V、频率为 1kHz 的正弦波信号。用数字式万用表测量电压 V_{RS} 的有效值，并通过有效值与幅值的转换公式计算 V_{RS} 的幅值，将计算结果记作 $V_{RS(Peak)}$ 并填入表 17.2 中。

（3）得到 V_{RS} 的测量幅值后，根据欧姆定律，计算流经电阻 R_s 的电流 I_{peak}，并记录在表 17.2 中。

表 17.2　记录表 2

$V_{RS(peak)}$	I_{peak}	$X_{C计算}$	$X_{C测量}$

（4）在不同频率下，电容对电流的阻抗能力也会不同，称之为容抗，记作 X_C。容抗的计算方法为：

$$X_{C计算} = \frac{1}{2\pi fC}$$

本例中使用的频率为 1kHz，电容值为 1μF。将该数值带入上述公式，并将计算结果记录在表 17.2 中。注意，容抗的单位也是欧姆。

（5）容抗也可以通过测量方法得到，即通过欧姆定律，用电容两端电压的峰值除以电流的峰值：

$$X_{C测量} = \frac{V_{C(peak)}}{I_{C(peak)}}$$

其中 V_C 的电压幅值可以通过示波器直接测得，且串联电路中的电流一致，因此 $I_{C(peak)}$ 为第 3 步计算值。代入以上数值并计算 $X_{C测量}$。

注意，由于测量精度及元器件误差，直接计算得出的容抗值会与测量得出的容抗值有些许偏差。

3. 感性阻抗

（1）搭建图 17.14 所示的电路。在面包板上的搭建方式如图 17.15 所示。如果使用的电阻与容性阻抗实验中的 R_s 相同，可将该值直接记录在面包板图右侧。

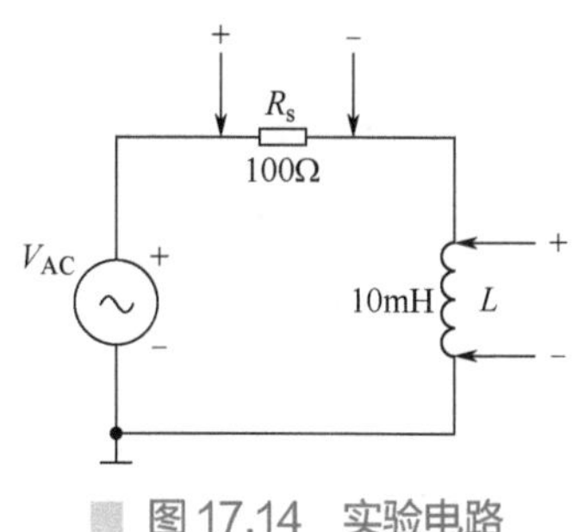

图 17.14　实验电路

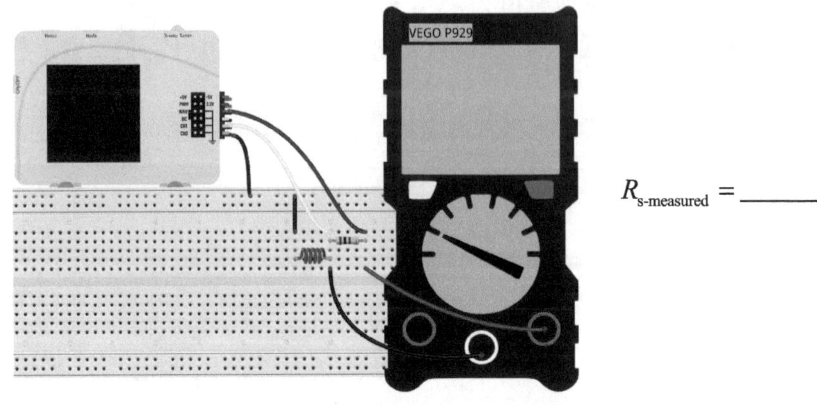

$R_{\text{s-measured}} =$ ________

图 17.15　面包板电路

（2）将交流电压源 V_{AC} 设置成幅值为 1V、频率为 2kHz 的正弦波信号。用数字式万用表测量电压 V_{RS} 的有效值，并通过有效值与幅值的转换公式计算 $V_{RS(Peak)}$，将计算结果填入表 17.3 中。

表 17.3　记录表 3

$V_{RS(peak)}$	I_{peak}	$X_{L计算}$	$X_{L测量}$

（3）计算流过电阻 R_s 电流的幅值 I_{peak}，并记录在表 17.3 中。

（4）电感对电流的阻抗能力称为感抗，记作 X_L，其计算方法为：

$$X_{L计算} = 2\pi fL$$

本实验中使用的频率为 2kHz，电感值为 10mH。将该数值带入上述公式，并将计算结果记录在表 17.3 中。注意，感抗的单位也是欧姆。

（5）测量感抗的方法与容抗一样，也是通过欧姆定律，用电感两端的电压幅值 $V_{L(peak)}$ 除以电感中的电流幅值 $I_{L(peak)}$：

$$X_{L测量} = \frac{V_{L(peak)}}{I_{L(peak)}}$$

其中 V_L 的电压幅值可以通过示波器直接测得。代入以上数值并计算 $X_{L测量}$，并记录在表 17.3 中。

注意，相比于电容的测量误差，电感的误差有可能更大，其中一个原因是电感的内阻会一定程度上影响万用表对其的有效幅值的测量。

练习

如图 17.16 所示，已知 $R_s = 200\Omega$，$V_{AC} = 3V$。并且测量到 R_s 为 330Ω，电压峰峰值为 2V。计算 R 的阻值，再用等值的电阻搭建电路，测量 R_s 的电压，将其与题目给出的已知电压进行比较。

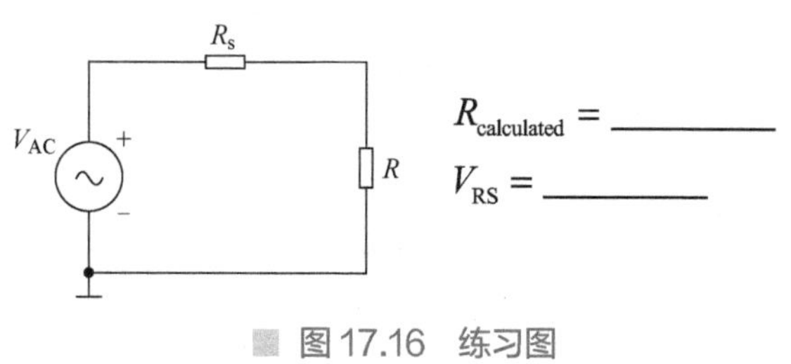

图 17.16　练习图

姓名：

日期：

课程：

指导老师：

示波器与相位差

目标

（1）使用双迹法确定两个正弦波之间的相位角。

（2）研究增加电阻对串联 RC 电路相位角的影响。

设备需求

仪器	元件	工具
数字式万用表 信号发生器 示波器	3.3kΩ 电阻（1/4W）×1 6.8kΩ 电阻（1/4W）×1 0.47μF 电容×1	面包板 导线 剥线钳

设备检查

小组成员检查上述仪器是否准备完毕，记录所使用仪器的型号（若无法确定可询问指导老师），并记录实验小组的编号。

设备	型号	实验小组
多功能硬件调试助手 数字式万用表		

使用信号发生器和示波器可以测量波形之间的相位角。但是，这类操作必须小心执行，否则可能会测量到错误的结果甚至导致设备损坏。使用示波器测试两个通道的时候，必须确保示波器的**两个通道连接到同一个地**。

对于仅有电阻负载的交流电路，总阻抗可以用与直流电路相同的方式确定，移除电源并在终端上放置一个欧姆表即可。然而，**对于带有电容或电感元件的电路，总阻抗就不能用欧姆表直接测量了**。

如图 18.1 所示，添加一个感应电阻在电路和电源之间，测量并计算电源电压和电阻电压的相位角，并且计算电流。在特定的频率下，施加的电源电压可以由一个通道显示，而感应电阻两端电压用另一个通道显示。通道 1 连接电源电压，通道 2 连接感应电阻两端的电压，注意这里的共地连接。

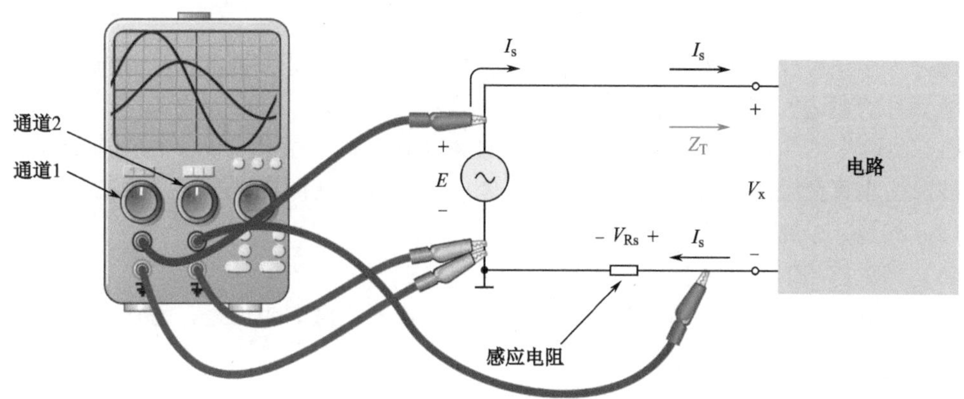

图 18.1 添加一个感应电阻在电路和电源之间

图 18.2 是示波器显示的波形。由于示波器只显示电压与时间的关系，电流就必须用电压的峰峰值结合欧姆定律得到。

可以根据屏幕上显示出来的数据计算通道 1 和通道 2 的相位角。

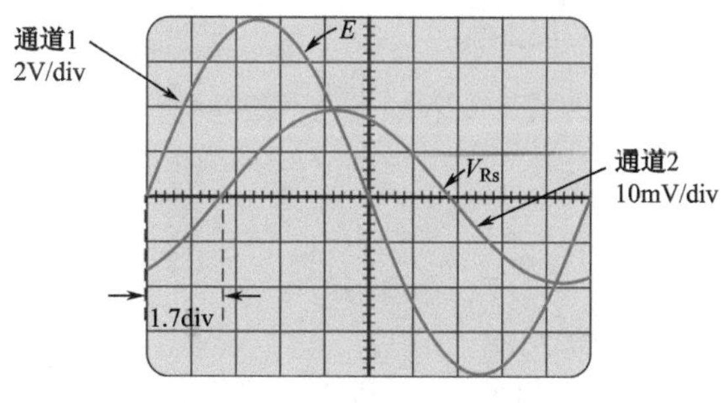

图 18.2 示波器显示的波形

有两种方法：

（1）双迹法。

（2）利萨如图形法。

本项目主要讲解第一种方法。

相位测量的双迹法可以提供高精度，还可以比较两个不同幅度的信号、波形。具体的方法：采用一个双通道示波器将两个信号同时显示，如图 18.3 所示。

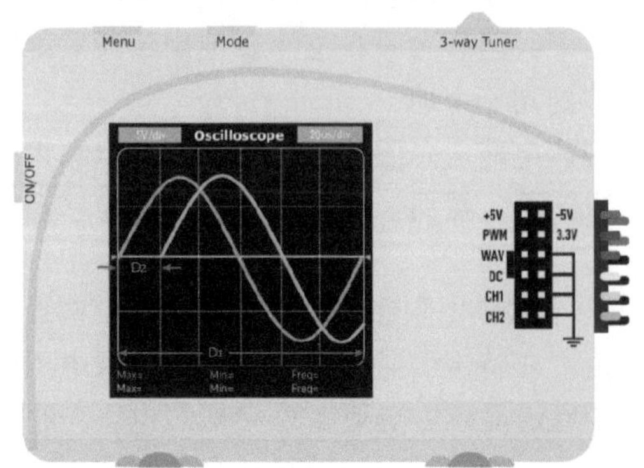

图 18.3　测量两条轨迹上两个相同点之间的距离

选择一个信号作为参考，即零相位角。在比较中，可以假设被测信号提前（被测信号在参考信号的左边）或滞后（被测信号在参考信号的右边）。

（1）将两个信号连接到两个垂直通道 CH1 和 CH2，确保正确接地。为清晰起见，调整每个波形的垂直灵敏度，直到两个信号具有差不多的幅度（同在屏幕范围内）。

（2）测量一个完整的水平刻度数 D_1。

（3）测量被测信号平移的水平刻度数 D_2。

（4）D_1 是完整的 360°，即 4div（4 格），而 D_2 是要测量的相位差，为 0.5div（0.5 格），用下列公式可以求得 θ：

$$\frac{D_1}{360°} = \frac{D_2}{\theta}$$

$$\theta = \frac{0.5\text{div}}{4\text{div}} \times 360° = 45°$$

例 18.1　求出图 18.4 所示示波器屏幕上正弦波的周期、频率和峰值。

解：

一个周期跨越 4div。因此，周期为

$$T = 4\text{div} \times \frac{50\mu\text{s}}{\text{div}} = 200\mu\text{s}$$

频率为

$$f = \frac{1}{T} = \frac{1}{200 \times 10^{-6}\text{s}} = 5\text{kHz}$$

水平轴上方的垂直高度包含 2div，所以：

$$V = 2\text{div} \times \frac{0.1\text{V}}{\text{div}} = 0.2\text{V}$$

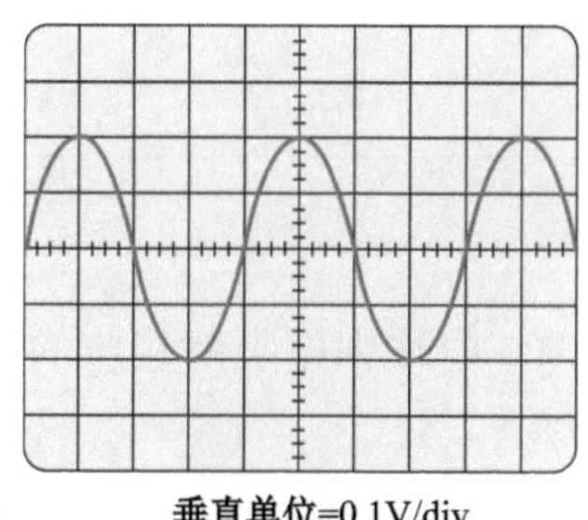

图 18.4　例 18.1 图

例 18.2　根据图 18.5 所示电路，以及示波器的显示，计算电压源 E、电感的电压峰峰值及它们之间的相位角。

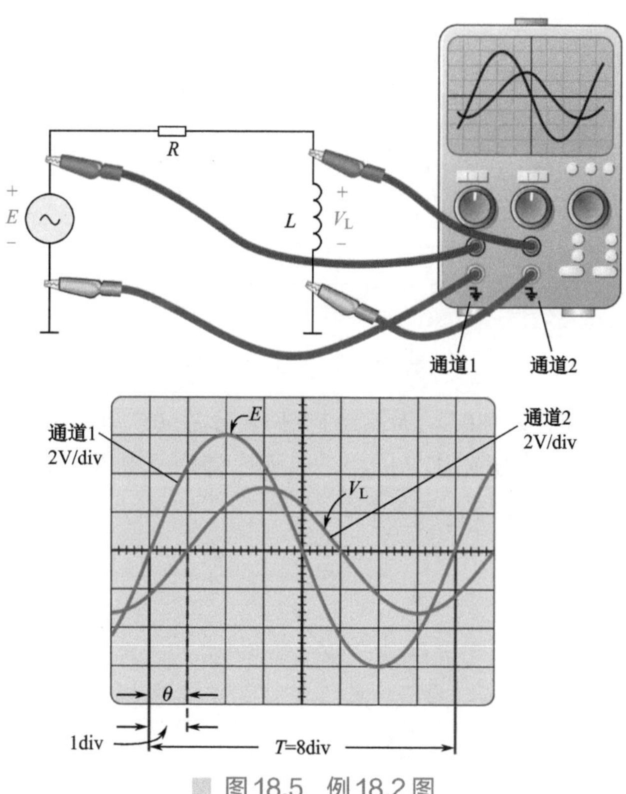

图 18.5　例 18.2 图

解：

$$E=(3\text{div})\times\frac{2\text{V}}{\text{div}}=6\text{V}$$

$$V_{\text{L}}=(1.6\text{div})\times\frac{2\text{V}}{\text{div}}=3.2\text{V}$$

从图中可以得出：

$$\theta=\frac{1\text{div}}{8\text{div}}\times360°=45°$$

概览

本项目需要构建电路来观察 RC 电路中电阻对相位的影响。

步骤

1. RC 电路中不同电阻对相位的影响

观察图 18.6 所示电路，采用相位测量的双迹法来确定电源电压 V_{ac} 和 V_R 的相位关系。

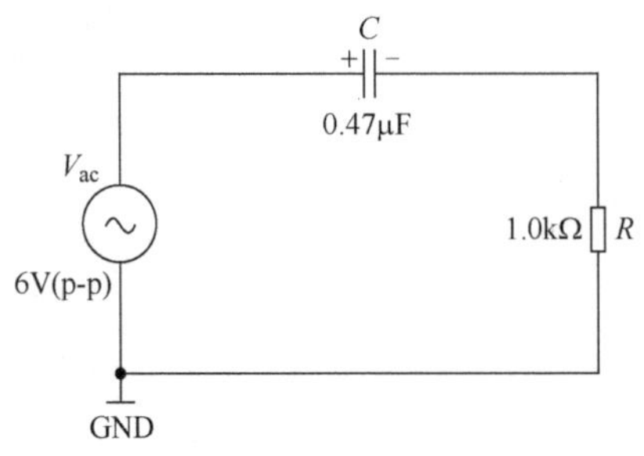

图 18.6　实验电路

由于 V_{ac} 的相位角被定义为 0°，因此绘制图 18.7。在 RC 电路中，电流 I 将超前于施加的电压，如图 18.7 所示。电压 V_R 与 I 同相，电压 V_C 滞后于电压 V_{ac}。

$|\theta_1|+|\theta_2|=90°$。$V_{ac}$ 是 V_R 与 V_C 的总和。

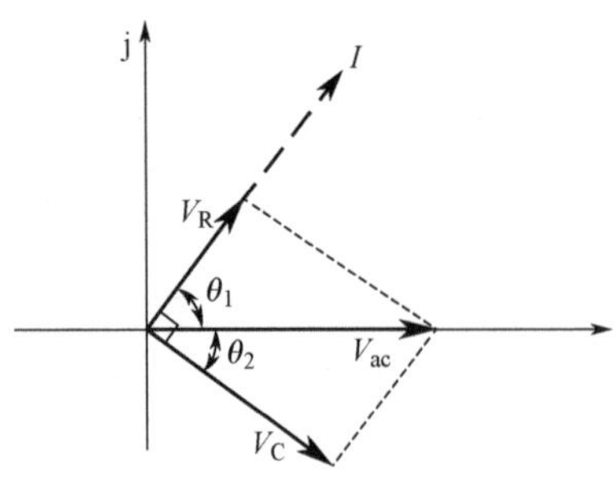

图 18.7　相位角示意图

（1）搭建图 18.8 所示电路，用梅林雀示波器的 CH1 连接信号发生器，电阻两边的电压连接 CH2。再调节信号频率为 200Hz，峰峰值为 6V，设置两个通道的水平、垂直调节单位为 1V/div、1ms/div。

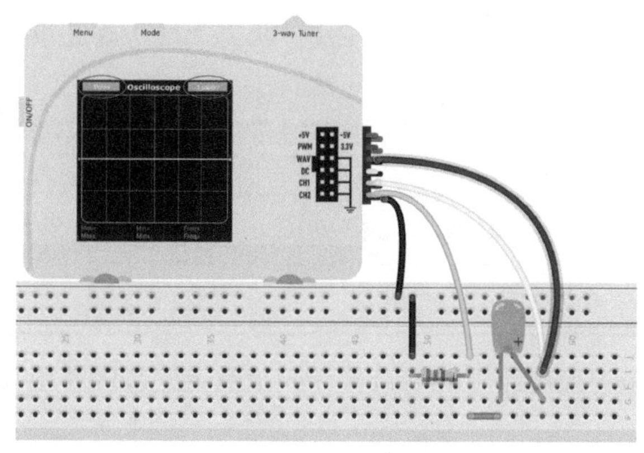

图 18.8　面包板电路

（2）测量电阻 R 的阻值并填入表 18.1，计算电容的阻抗 X_C（频率是 200Hz）并填入表 18.1。

表 18.1　记录表 1

R	X_C	$V_{in(p-p)}$	$V_{R(p-p)}$		θ_1		D_1	D_2
			计算结果	实验结果	计算结果	实验结果		
		6V						

（3）用 $V_{in}=6V(p\text{-}p)\angle 0°$ 计算出 V_R 的大小及相位角，在下方空白处写出具体计算过程并将结果填入表 18.1。

（4）用实验方法测量 V_R 并将结果填入表 18.1。

（5）数出 V_{in} 水平方向一个完整周期的信号有几个刻度（div）并录入表 18.1 中的 D_1，数出两个信号之间有几个刻度（div）并录入表 18.1 中的 D_2，计算 θ_1 并填入表 18.1。

（6）对比 $V_{R(p-p)}$ 和 θ_1 的计算结果和实验结果。

（7）用 3.3kΩ 电阻替换电路中的 1kΩ 电阻，重复上述步骤并填写表 18.2。

表 18.2　记录表 2

R	X_C	$V_{in(p-p)}$	$V_{R(p-p)}$		θ_1		D_1	D_2
			计算结果	实验结果	计算结果	实验结果		
		6V						

（8）用 6.8kΩ 电阻替换电路中的 1kΩ 电阻，重复上述步骤并填写表 18.3。

表 18.3　记录表 3

R	X_C	$V_{in(p-p)}$	$V_{R(p-p)}$		θ_1		D_1	D_2
			计算结果	实验结果	计算结果	实验结果		
		6V						

（9）$V_{in}=6V\angle 0°$ 已放置在图 18.9 的每一张相位图中。注意，电压已按比例调整以匹配 2V/div 的水平轴和垂直轴。使用测量的 $V_{R(p-p)}$ 和 θ_1，画出不同电阻的 V_R 并标出 θ_1 的角度和 V_R 的大小。

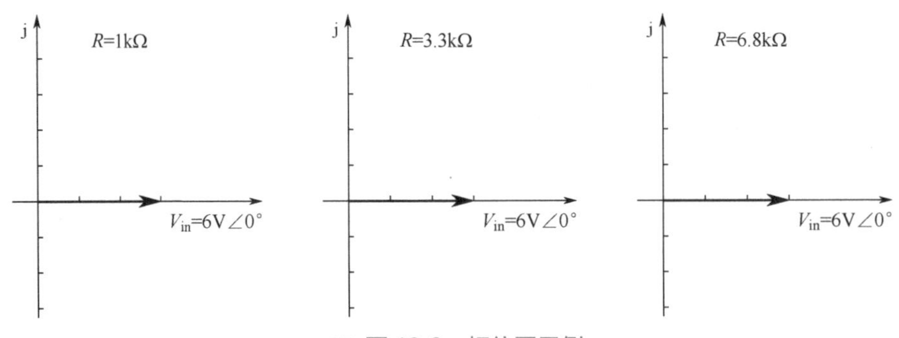

图 18.9　相位图示例

2. 不同 RC 电路中电阻对相位的影响

（1）搭建如图 18.10 所示的电路，V_{in} 和 V_C 之间的相位关系将通过交换电阻和电容的位置来实测。注意，V_{in} 用 CH1 测量，V_C 用 CH2 测量。

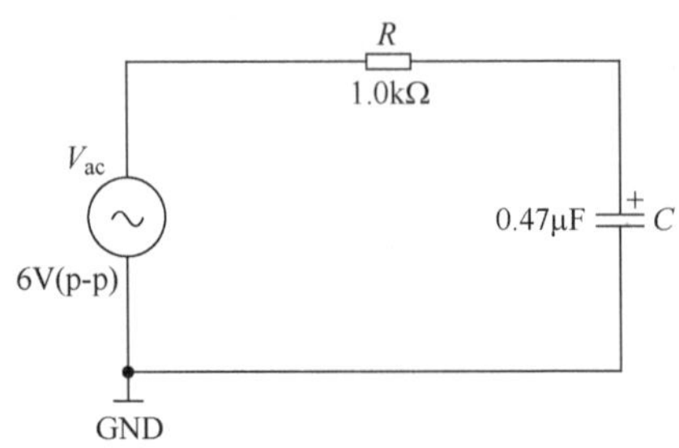

图 18.10　实验电路

（2）测量电路中的电阻，并将结果填入表 18.4。

（3）用 $V_{in}=6V(p\text{-}p)\angle 0°$ 计算出 V_C 的大小及相位角 θ_2，在下方空白处写出具体计算过程并将结果填入表 18.4。

表 18.4　记录表 4

R	X_C	$V_{in(p-p)}$	$V_{C(p-p)}$		θ_2		D_1	D_2
			计算结果	实验结果	计算结果	实验结果		
		6V						

（4）用实验的方法测量 V_C，并将结果填入表 18.4。

（5）数出 V_{in} 水平方向一个完整周期的信号有几个刻度（div）并录入表 18.4 中的 D_1，数出两个信号之间有几个刻度（div）并录入表 18.4 中的 D_2，计算 θ_2 并填入表 18.4。

（6）对比 $V_{C(p-p)}$ 和 θ_2 的计算结果和实验结果。

（7）用 3.3kΩ 电阻替换电路中的 1kΩ 电阻，重复上述步骤并填写表 18.5。

表 18.5　记录表 5

R	X_C	$V_{in(p-p)}$	$V_{C(p-p)}$		θ_2		D_1	D_2
			计算结果	实验结果	计算结果	实验结果		
		6V						

（8）用 6.8kΩ 电阻替换电路中的 1kΩ 电阻，重复上述步骤并填写表 18.6。

表 18.6　记录表 6

R	X_C	$V_{in(p-p)}$	$V_{C(p-p)}$		θ_2		D_1	D_2
			计算结果	实验结果	计算结果	实验结果		
		6V						

（9）将 V_C 相位角对应的不同电阻也画进图 18.9 中。

（10）计算出第一部分和第二部分中 θ_1 和 θ_2 的平均值，计算出 $|\theta_T|$，填入表 18.7。用下列公式计算出两个角度的百分比差值并填入表 18.7。

$$百分比差值=\left|\frac{90°-\theta_T}{90°}\right|\times 100\%$$

表 18.7　记录表 7

R	θ_1平均值	θ_2平均值	$\lvert\theta_T\rvert=\lvert\theta_1\rvert+\lvert\theta_2\rvert$	百分比差值90°	百分比差值θ_T
1.0kΩ					
3.3kΩ					
6.8kΩ					

根据图 18.11，计算出两个波形的相位差。

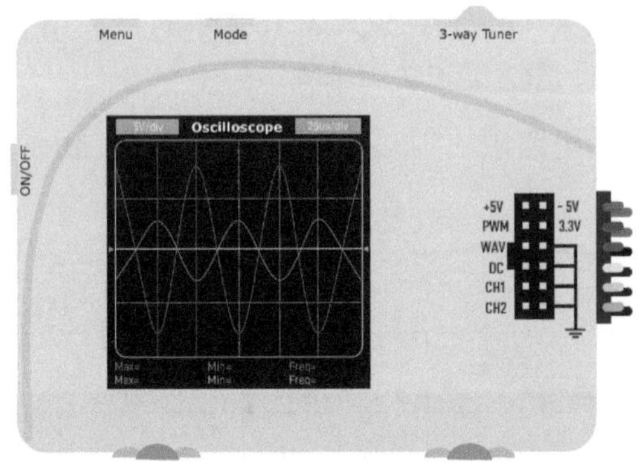

图 18.11　练习图

项目19

姓名：________

日期：________

课程：________

指导老师：________

频率响应

目标

（1）观察频率对 RC 电路串联阻抗的影响。
（2）绘制串联 RC 电路的电压和电流与频率的关系图。
（3）观察频率对 RL 电路串联阻抗的影响。
（4）绘制串联 RL 电路的电压和电流与频率的关系图。

设备需求

仪　器	元　件	工　具
数字式万用表 信号发生器 示波器	100Ω 电阻（1/4W）×1 0.1mH 电感×1	面包板 导线 剥线钳

设备检查

小组成员检查上述仪器是否准备完毕，记录所使用仪器的型号（若无法确定可询问指导老师），并记录实验小组的编号。

设　备	型　号	实验小组
多功能硬件调试助手 数字式万用表		

理论

如果电路中同时有电感和电容，当信号源的频率发生变化时，电路中的感抗、容抗会随着频率的变化而变化，从而导致电路的工作状态发生改变，这种现象称为电路的频率特性，又称频率响应。

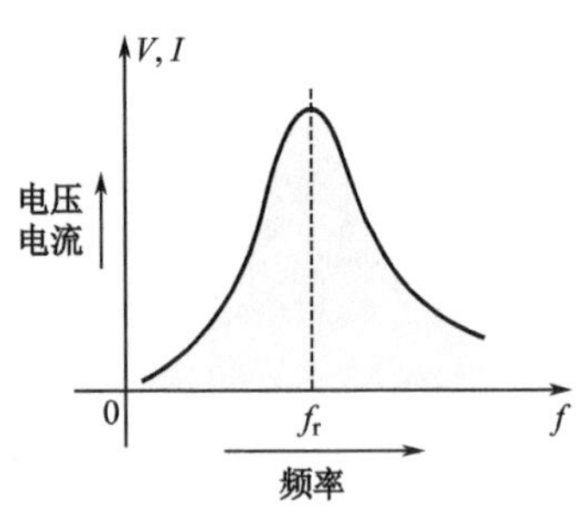

图 19.1　谐振电路的频率响应

谐振电路的频率响应如图 19.1 所示。图中的响应在频率 f_r 处达到最大值，并向该频率的右侧和左侧递减。换句话说，对于一个特定的频率范围，响应将接近或等于最大值。最左边或右边的频率具有非常小的电压或电流。

有两种类型的谐振电路：串联谐振电路和并联谐振电路。顾名思义，串联谐振电路是串联元件的组合，包括电阻、电感和电容。如图 19.2 所示，在给定的频率范围内，一个固定大小的电压源被施加到电路中。随着应用频率的增大，存在一个频率范围，使通过电路的电流达到峰值。串联谐振电路的谐振曲线是电路中的电流引起的。

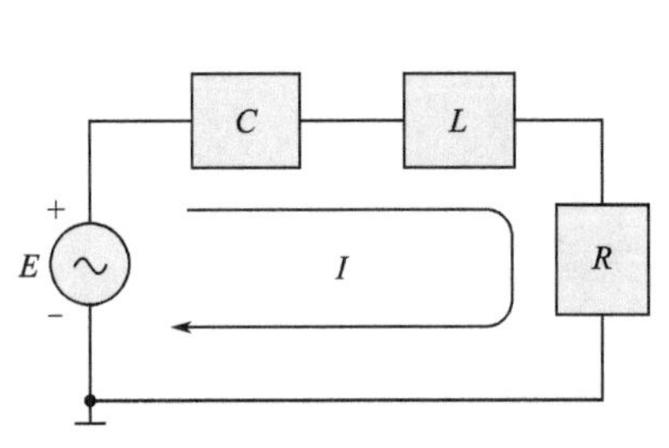

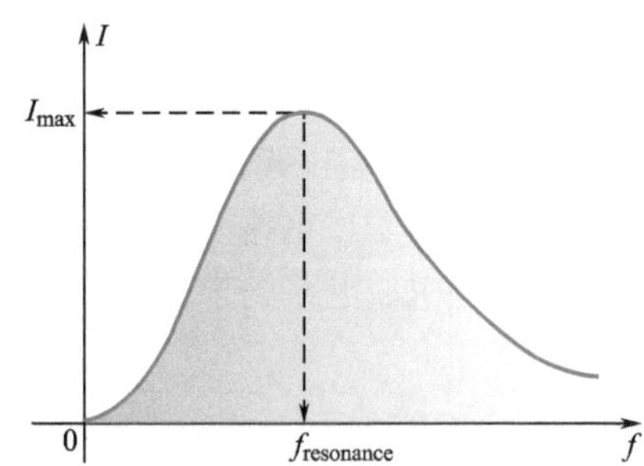

图 19.2　串联谐振电路

并联谐振电路具有相同的元件，但元件是并联的，应用的电源是一个固定大小的电流源，如图 19.3 所示。对于并联谐振电路，谐振曲线是网络输出端的电压引起的。

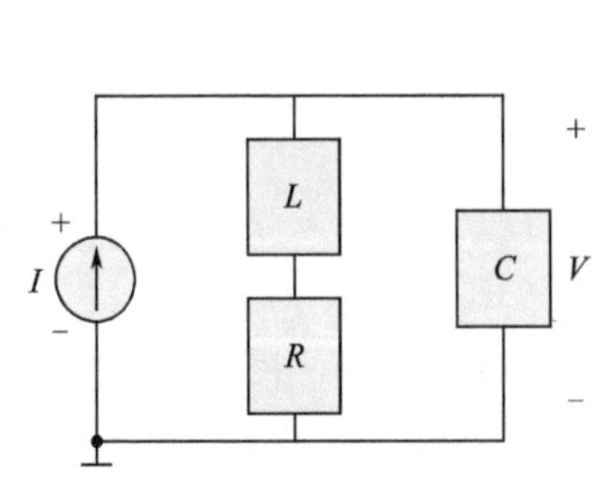

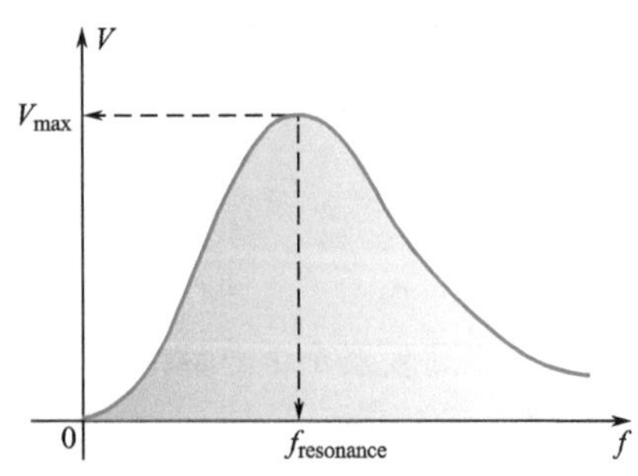

图 19.3　并联谐振电路

例 19.1 试分析如图 19.4 所示串联谐振电路。

（1）求谐振时的 V_R 、V_L 、V_C 。

（2）该电路的 Q_S 是多少？

（3）如果谐振频率为 5000Hz，求其带宽。

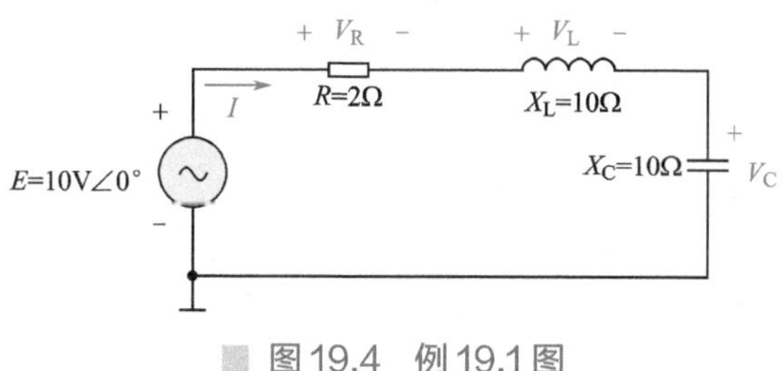

图 19.4 例 19.1 图

解：

（1）如采用复数的表达形式，则有

$$Z_{T_S}=R=2\Omega$$

$$I=\frac{E}{Z_{T_S}}=\frac{10\text{V}\angle 0^\circ}{2\Omega\angle 0^\circ}=5\text{A}\angle 0^\circ$$

电阻两端电压为 $V_R=E=10\text{V}\angle 0^\circ$

电感两端电压为 $V_L=(I\angle 0^\circ)(X_L\angle 90^\circ)=(5\text{A}\angle 0^\circ)(10\text{V}\angle 90^\circ)=50\text{V}\angle 90^\circ$

电容两端电压为 $V_C=(I\angle 0^\circ)(X_C\angle -90^\circ)=(5\text{A}\angle 0^\circ)(10\text{V}\angle -90^\circ)=50\text{V}\angle -90^\circ$

（2）

$$Q_S=\frac{X_L}{R}=\frac{10\Omega}{2\Omega}=5$$

品质因数 Q_S 被定义为谐振时电感或电容的无功功率与电阻的平均功率之比。

（3）

$$\text{BW}=f_2-f_1=\frac{f_S}{Q_S}=\frac{5000\text{Hz}}{5}=1000\text{Hz}$$

带宽 BW 表示一个电路能够处理的频率或信号范围，或者信号所包含/占有的频率范围。

概览

本项目分为 RC 电路和 RL 电路。对于 RC 电路，电容两端的电压随着频率的升高而减小，因为容抗与施加的频率成反比。因此，电容在非常低的频率下占主导地位，而电阻随着频率的升高而变得更占优势。电阻两端的电压和电流直接与阻值相关，并且它们的曲线与频率的关系具有相同的特性。通过搭建电路来观察频率对 RC 电路的影响，并绘制电压、电流与频率的关系图。

对于 RL 电路，因为感抗与施加的频率成正比，所以电感两端的电压会随着频率的升高而增大。串联 RL 电路中的电阻在较低频率下占主导地位，而在较高频率下电感占主导地位。电阻两端的电压和电流直接与阻值相关，并且它们的曲线与频率的关系具有相同的特性。通过搭建电路来观察频率对串联 RL 电路的影响，并绘制电压、电流与频率的关系图。

1. V_C、V_R和 I与频率之间的关系（RC 电路）

（1）搭建图 19.5 所示电路。可参考图 19.6 所示的连接方法，记录测得的电阻阻值。

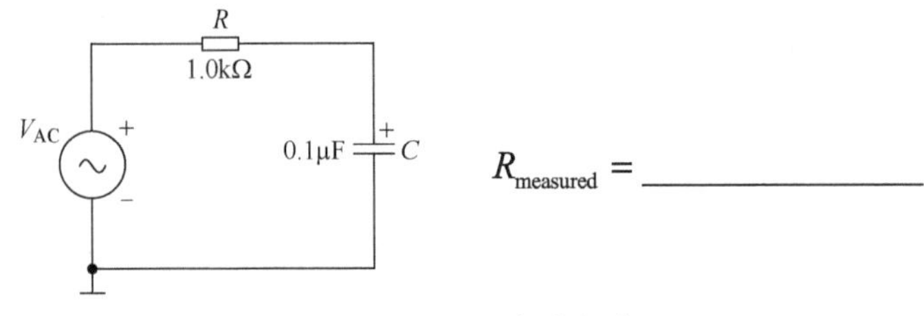

图 19.5 实验电路

（2）通过调整电压源将输入电压 V_{AC} 设置为峰峰值为 4V(p-p)的正弦波信号，其输出频率可参考表 19.1，并测量表 19.1 中的 $V_{C(p-p)}$。确保每个频率的 V_{AC} 保持在 4V(p-p)。

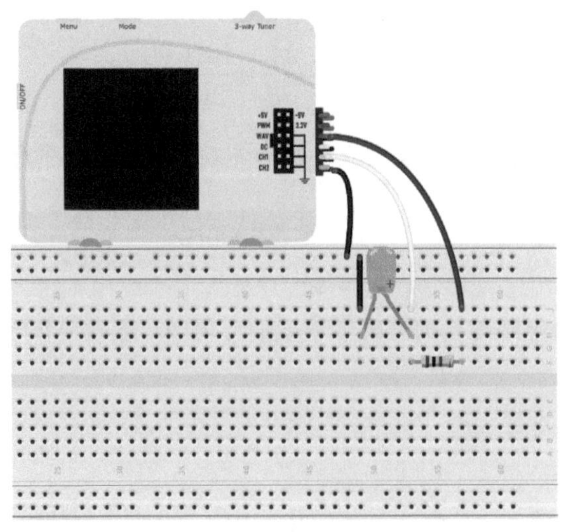

图 19.6 面包板电路 1

表19.1　记录表1

频　率	$V_{C(p-p)}$	$V_{R(p-p)}$	I_{p-p}
0.1kHz			
0.2kHz			
0.5kHz			
1kHz			
2kHz			
4kHz			
6kHz			
8kHz			
10kHz			

（3）关闭电源并交换图 19.6 中电阻和电容的位置。测量相同频率范围内的 $V_{R(p-p)}$，同时保持 V_{AC} 恒定在 4V(p-p)。可参考图 19.7 连接电路。

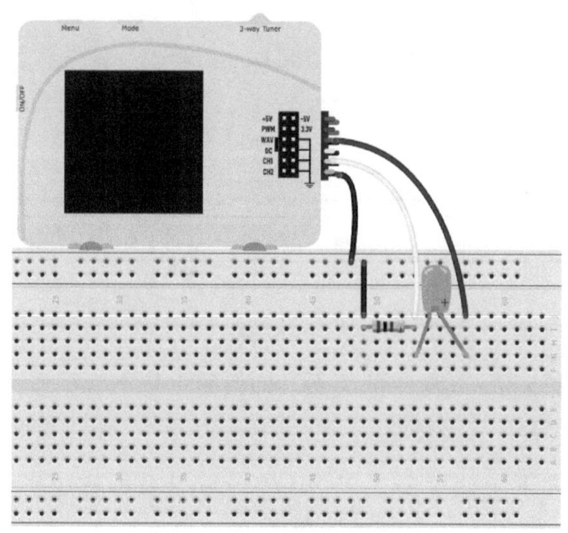

图19.7　面包板电路2

（4）关闭电源并交换图 19.7 中电阻和电容的位置。测量相同频率范围内的 $V_{R(p-p)}$，同时保持 V_{AC} 恒定在 4V(p-p)。使用公式 $I_{p-p}=V_{R(p-p)}/R_{measured}$ 计算 I_{p-p} 并完成表 19.1。

（5）将 $V_{C(p-p)}$ 和 $V_{R(p-p)}$ 的值与它们各自的频率绘制到图 19.8 中，确保画出每个数据点并清楚地标记曲线。

表 19.2　记录表 2

$V(V_C=V_R)$	X_C	R

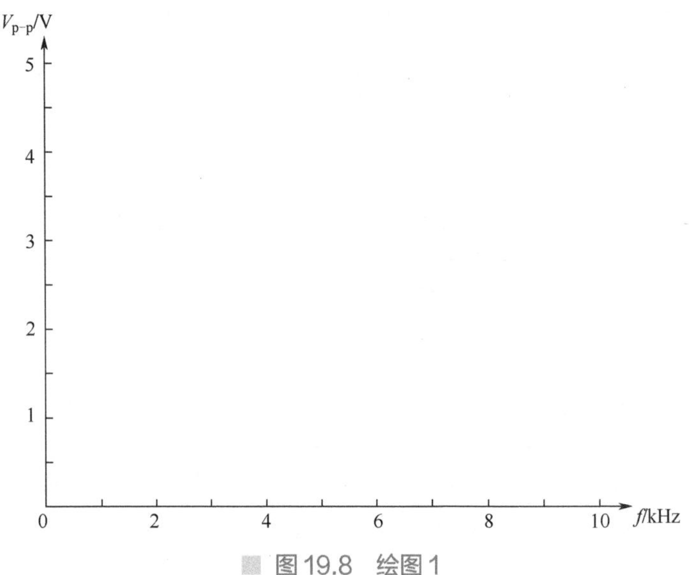

图 19.8　绘图 1

（6）计算某些随机频率（如 3.6kHz）下的 $V_{C(p-p)}$ 和 $V_{R(p-p)}$，并将值记录在表 19.3 中。计算它们的幅度之和，并将其与 V_{AC} 进行比较。

表 19.3　记录表 3

$V_{C(p-p)}$	$V_{R(p-p)}$	求　和

（7）在图 19.9 中绘制 I_{p-p} 与频率的关系。确保画出每个数据点并清楚地标记曲线。将 I_{p-p} 曲线与 $V_{R(p-p)}$ 曲线进行比较并解释。

（8）在 6kHz 频率下，使用公式 $X_C=1/(2\times\pi fC)$ 及标称电容值计算电容的阻抗。将计算结果记录在表 19.4 中。同时使用以下公式确定从表 19.2 中获得的值，并记录在表 19.4 中。

$$X_C=\frac{V_{C(p-p)}}{I_{p-p}}$$

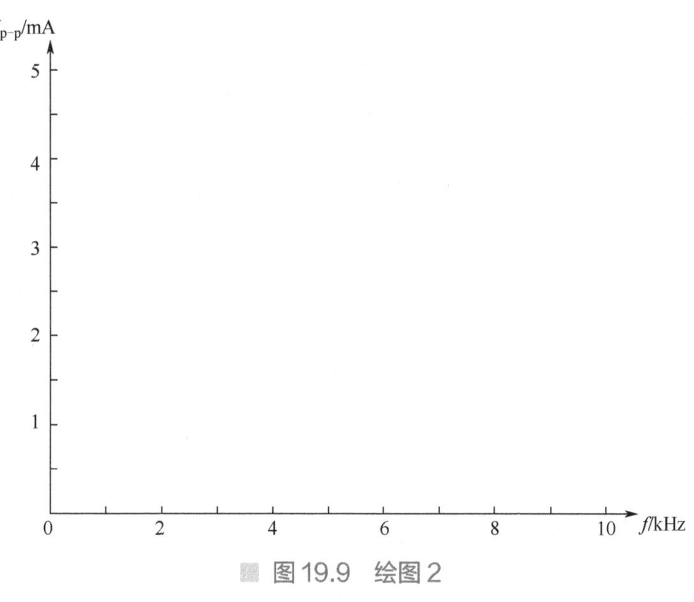

图19.9 绘图2

表19.4 记录表4

	计 算 结 果	表19.2中的数据
X_C		

（9）使用勾股定理确定频率为6kHz时的电压$V_{C(p-p)}$并使用公式$V_{C(p-p)}=\sqrt{V_{AC}^2-V_{R(p-p)}^2}$计算，将这两个值都记录到表19.5中。

（10）电容在低频时相当于高阻开路，在高频时相当于低阻短路。

表19.5 记录表5

	计 算 值	使用勾股定理确定的值
$V_{C(p-p)}$		

2. Z_T和频率之间的关系（RC电路）

将表19.1中的I_{p-p}值填入表19.6。

表19.6 记录表6

频 率	V_{AC}	I_{p-p}	$Z_T=\frac{V_{AC}}{I_{p-p}}$	$Z_T=\sqrt{R^2+X_C^2}$
0.1kHz	4V			
0.2kHz	4V			
0.5kHz	4V			

续表

频　率	V_{AC}	I_{p-p}	$Z_T = \frac{V_{AC}}{I_{p-p}}$	$Z_T = \sqrt{R^2 + X_C^2}$
1kHz	4V			
2kHz	4V			
4kHz	4V			
6kHz	4V			
8kHz	4V			
10kHz	4V			

（1）总阻抗可以使用以下公式计算：

$$Z_T = \frac{V_{AC}}{I_{p-p}}$$

计算表 19.6 中每个频率的总阻抗并将结果填入表中。

（2）将表 19.6 中 I_{p-p} 与频率的关系绘制到图 19.10 中。排除 f=0.1kHz 的点。确保画出每个数据点并清楚地标记曲线。

（3）利用 R 的测量值，使用替代公式来计算总阻抗：

$$Z_T = \sqrt{R^2 + X_C^2}$$

将计算出来的数据填入表 19.6。

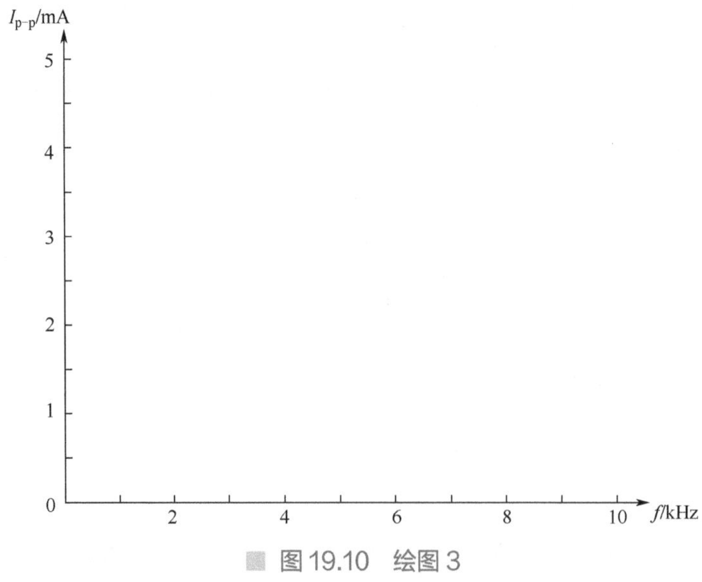

图 19.10　绘图 3

（4）检查表 19.6 中两列总阻抗 Z_T，并比较它们的值。记录观察结果。

（5）在图 19.10 中绘制 R 与频率以及 $X_C = \frac{1}{2\pi fC}$ 与频率的关系。确保单独标记每条曲线并清楚地画出每个数据点。

（6）观察图 19.10 中的曲线。是否有在任何点 $X_C = R$ 的情况？如果有，记录发生这种情况时的频率。使用以下公式计算发生这种情况时的频率。

$$f = 1/2\pi RC$$

将计算出的频率值与从图中获得的频率值进行比较，并将它们填入表 19.7。记录所有观察结果。

表 19.7　记录表 7

	从图中获得的值	计　算　值
f		

（7）观察图 19.10 中的曲线。对于小于表 19.7 中计算值的频率值，电路是电阻性更强还是电容性更强？对于大于计算值的频率值，电路是电阻性更强还是电容性更性？记录观察结果。

3. V_L、V_R和 I与频率之间的关系（RL 电路）

（1）搭建图 19.11 所示的电路。可参考图 19.12 所示的连接方法，记录测得的电阻阻值。

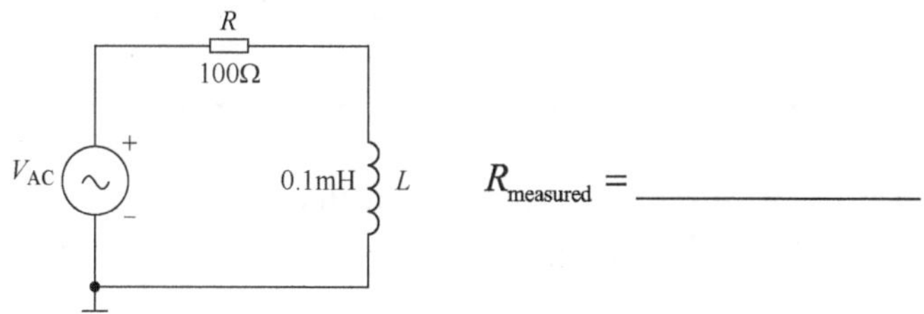

图 19.11　实验电路

（2）通过调整电压源将输入电压 V_{AC} 设置为 4V(p-p)并测量表 19.8 中列出频率的电压 $V_{L(p\text{-}p)}$。确保每个频率的 V_{AC} 保持在 4V(p-p)。

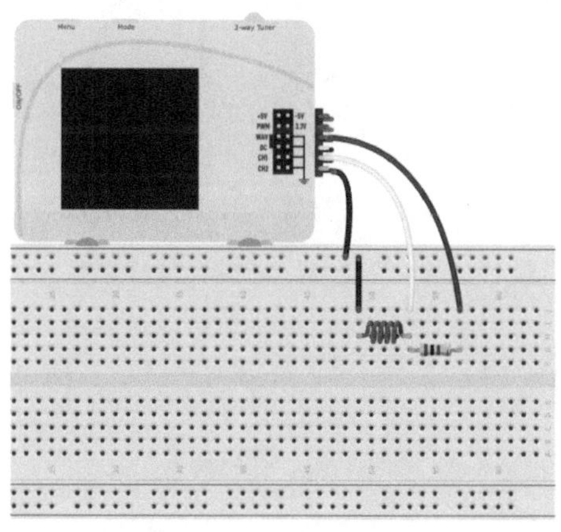

图 19.12　面包板电路 3

表 19.8　记录表 8

频　率	$V_{L(p\text{-}p)}$	$V_{R(p\text{-}p)}$	$I_{p\text{-}p}$
0.1kHz			
1.0kHz			
2.0kHz			
3.0kHz			
4.0kHz			
5.0kHz			
6.0kHz			
7.0kHz			
8.0kHz			
9.0kHz			
10kHz			

（3）关闭电源并交换图 19.12 中电阻和电感的位置，如图 19.13 所示。测量相同频率范围内的 $V_{R(p\text{-}p)}$，同时保持 V_{AC} 恒定在 4V(p-p)。

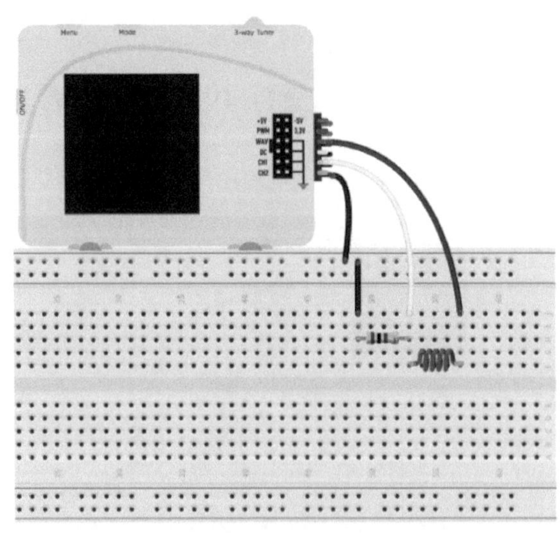

图 19.13　面包板电路 4

（4）使用公式 $I_{p\text{-}p}=V_{R(p\text{-}p)}/R_{measured}$ 计算 $I_{p\text{-}p}$ 并完成表 19.8。

（5）将 $V_{L(p-p)}$ 和 $V_{R(p-p)}$ 的值与它们各自的频率绘制到图 19.14 中，确保画出每个数据点并清楚地标记曲线。

（6）频率升高时，电感和电阻的电压会如何变化？为什么？

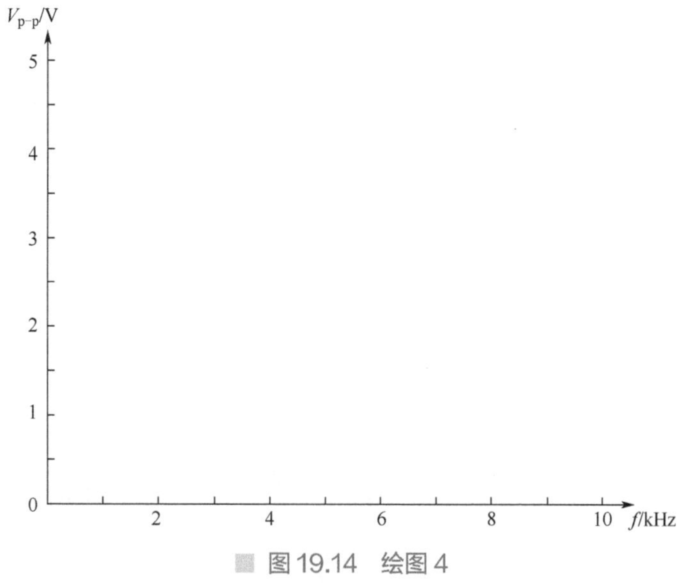

图 19.14　绘图 4

（7）在表 19.9 中记录每个元件的电压和阻抗。

表 19.9　记录表 9

V（V_L=V_R）	X_C	R

（8）计算某些随机频率（如 5.6kHz）下的 $V_{L(p-p)}$ 和 $V_{R(p-p)}$，将值记录在表 19.10 中。计算它们的幅度之和，并将其与 V_{AC} 进行比较。

表 19.10　记录表 10

$V_{L(p-p)}$	$V_{R(p-p)}$	求和

（9）在图 19.15 中绘制 I_{p-p} 与频率的关系。确保画出每个数据点并清楚地标记曲线。将 I_{p-p} 曲线与 $V_{R(p-p)}$ 曲线进行比较并解释。

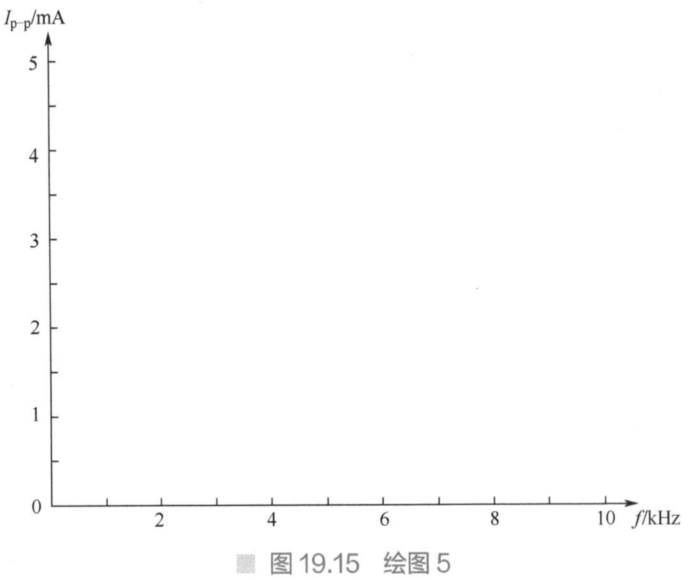

图 19.15　绘图 5

（10）在 8kHz 频率下，使用公式 $X_L = 2\pi fL$ 及标称电感值计算电感的阻抗，将其记录在表 19.11 中。同时使用以下公式确定从表 19.9 中获得的值，并记录在表 19.11 中。

$$X_L = \frac{V_{L(p\text{-}p)}}{I_{p\text{-}p}}$$

表 19.11　记录表 11

	计　算　值	从表 19.9 中获得的值
X_L		

（11）使用勾股定理确定频率为 6kHz 时的电压 $V_{L(p\text{-}p)}$ 并使用公式 $V_{L(p\text{-}p)} = \sqrt{V_{AC}^2 - V_{R(p\text{-}p)}^2}$ 计算，将这两个值都记录到表 19.12 中。

（12）电感在低频时相当于低阻开路，在高频时相当于高阻短路。

表 19.12　记录表 12

	计　算　值	使用勾股定理确定的值
$V_{L(p\text{-}p)}$		

4.　Z_T 和频率之间的关系（RL 电路）

将表 19.8 中的 $I_{p\text{-}p}$ 值填入表 19.13。

表 19.13　记录表 13

频　率	V_{AC}	I_{p-p}	$Z_T=\frac{V_{AC}}{I_{p-p}}$	$Z_T=\sqrt{R^2+X_L^2}$
0.1kHz	4V			
1kHz	4V			
2kHz	4V			
3kHz	4V			
4kHz	4V			
5kHz	4V			
6kHz	4V			
7kHz	4V			
8kHz	4V			
9kHz	4V			
10kHz	4V			

（1）总阻抗可以使用以下公式计算：

$$Z_T=\frac{V_{AC}}{I_{p-p}}$$

计算表 19.13 中每个频率的总阻抗并将结果填入表中。

（2）将表 19.13 中的 Z_T 与频率的关系绘制到图 19.16 中。确保画出每个数据点并清楚地标记曲线。

（3）利用 R 的测量值，使用替代公式来计算总阻抗：

$$Z_T=\sqrt{R^2+X_L^2}$$

将计算出来的数据填入表 19.13。

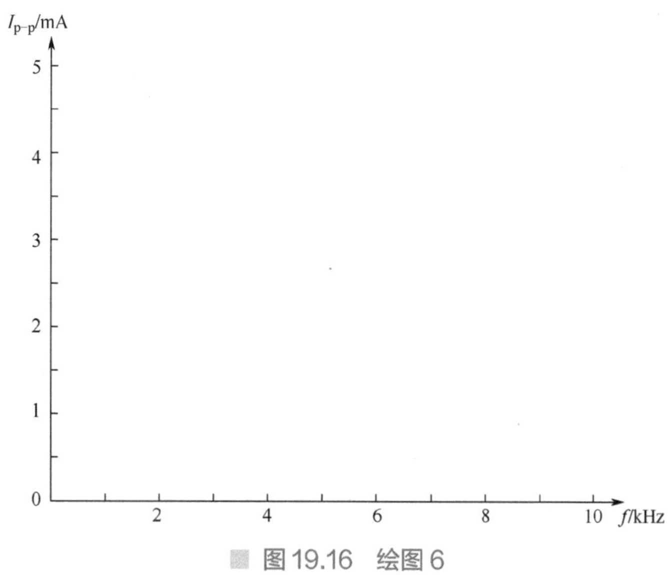

图 19.16　绘图 6

（4）检查表 19.13 中两列总阻抗 Z_T，比较它们的值。记录观察结果。

（5）在图 19.16 中绘制 R 与频率以及 $X_L = 2\pi fL$ 与频率的关系。确保单独标记每条曲线并清楚地画出每个数据点。

（6）观察图 19.16 中的曲线。是否有在任何点 $X_L = R$ 的情况？如果有，记录发生这种情况时的频率。使用以下公式计算发生这种情况时的频率：

$$f = R/2\pi L$$

将计算出的频率值与从图中获得的频率值进行比较，并将它们填入表 19.14。

表 19.14　记录表 14

	从图中获得的值	计　算　值
f		

（7）观察图 19.16 中的曲线和表 19.14 中的频率值，电路的电阻性更强还是电感性更强？

如图 19.17 所示，已知 $f = 1\,\text{kHz}$，$V_{AC} = 3\text{V(rms)}$。计算 V_C、V_R 和 I 的峰峰值。将计算值与表 19.13 中的测量值进行比较。如果将电容换成 0.1mH 的电感，结果如何？

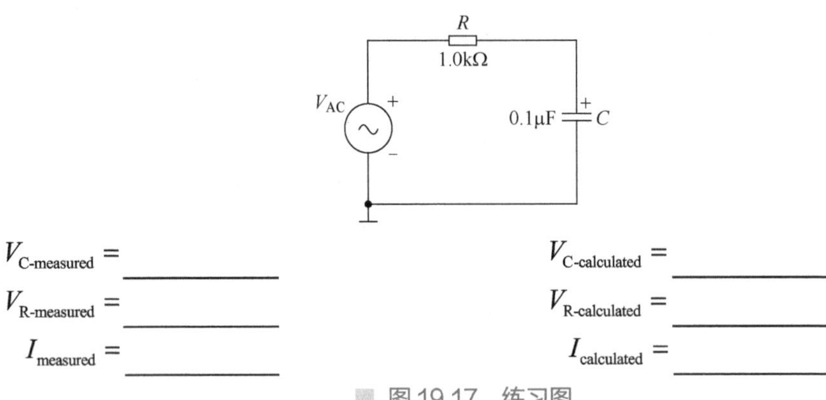

图 19.17　练习图

姓名：

日期：

课程：

指导老师：

三相电路

目标

学会分析三相电路。

设备需求

仪器	元件	工具
数字式万用表	电阻	面包板 导线

设备检查

小组成员检查上述仪器是否准备完毕，记录所使用仪器的型号（若无法确定可询问指导老师），并记录实验小组的编号。

设备	型号	实验小组
多功能硬件调试助手 数字式万用表		

理论

转子每次旋转时能产生单个正弦电压的交流发电机称为单相交流发电机。如果把单相交流发电机上的转子线圈数量以特定方式增加，即构成了多相交流发电机，转子每旋转一圈就会产生一个以上的交流电压。本项目将简单介绍三相系统，因为它是常用于电力传输的系统。

一般来说，三相系统比单相系统更适合用于电力传输，原因有以下几点。

- 在相同的电压下，可以使用更薄的导体来传输相同的功率，能减少铜的用量（约减少 25%），从而减少建设和维护成本。
- 线路元件更轻，线路更容易安装，支撑结构更少且间隔更远。
- 与单相系统相比，三相系统具有更好的运行和启动特性。
- 大型发电机大多是三相发电机，它们基本上都是自启动的，不需要特殊的设计。

图 20.1 中的三相发电机在定子上放置了三个互成 120° 的感应线圈，如图 20.2 所示。由于三个线圈的匝数相同，并且每个线圈以相同的角速度旋转，因此在每个线圈上感应生成的电压具有相同的峰值、波形和频率。当发电机的轴被外部装置带动旋转时，将同时产生感应电压 e_{AN}、e_{BN} 和 e_{CN}，如图 20.3 所示。注意波形之间的 120° 相移，以及三个正弦函数曲线的相似性。

图 20.1　三相发电机

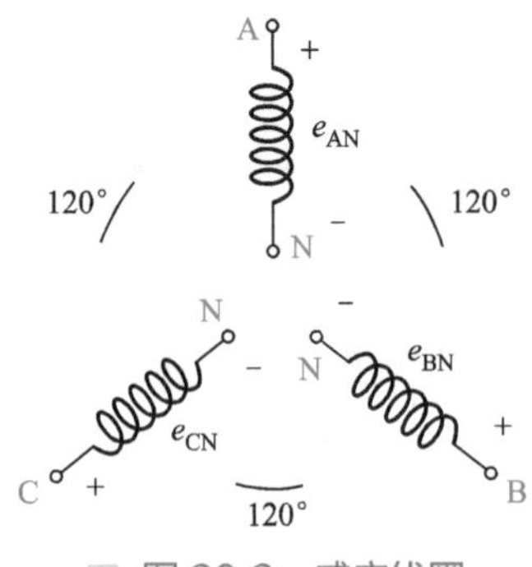

图 20.2　感应线圈

特别要注意的是：在任意时刻，三相发电机的三相电压的代数和为零。

图 20.3 所示感应电压的正弦表达式如下：

$$e_{AN} = E_{m(AN)} \sin \omega t$$

$$e_{BN} = E_{m(BN)} \sin(\omega t - 120°)$$

$$e_{CN} = E_{m(CN)} \sin(\omega t - 240°) = E_{m(CN)} \sin(\omega t + 120°)$$

感应电压的相量图如图 20.4 所示。

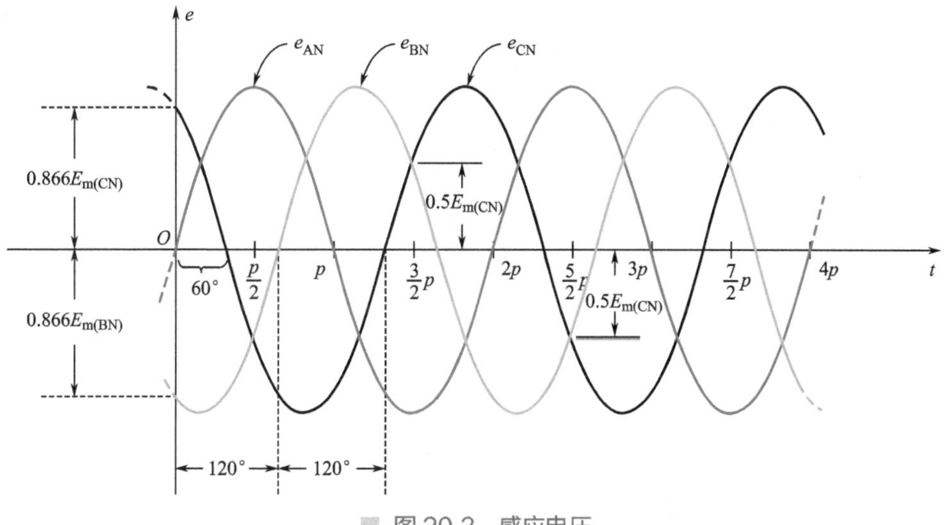

图 20.3　感应电压

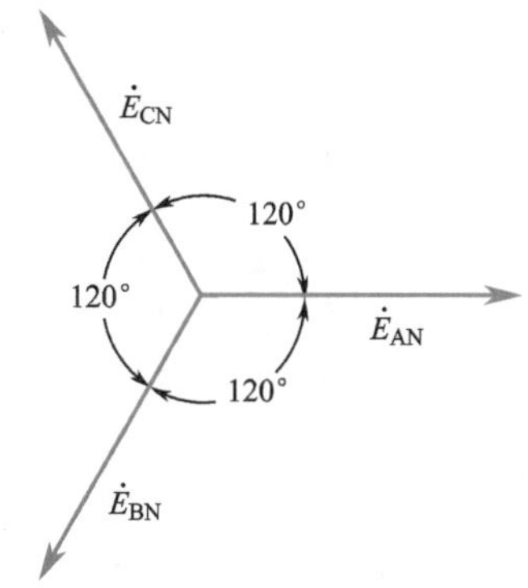

图 20.4　感应电压的相量图

其中的有效值用下列式子表示：

$$E_{AN} = 0.707E_{m(AN)}$$
$$E_{BN} = 0.707E_{m(BN)}$$
$$E_{CN} = 0.707E_{m(CN)}$$

或

$$\dot{E}_{AN} = E_{AN}\angle 0^\circ$$
$$\dot{E}_{BN} = E_{BN}\angle -120^\circ$$
$$\dot{E}_{CN} = E_{CN}\angle +120^\circ$$

重新排列相量，如图 20.5 所示。

图 20.5 重新排列相量

由图 20.5 可以得出以下结论：

$$\dot{E}_{AN}+\dot{E}_{BN}+\dot{E}_{CN}=0$$

如果图 20.2 中用 N 表示的三个端子连接在一起，则称该发电机为Y连接的三相发电机。如图 20.6 所示，为了便于标注和清晰起见，Y连接被倒置。所有端子连接的点称为中性点。如果导线未从该点连接到负载，则称为Y连接三相三线制发电机。如果连接零线，则称为Y连接三相四线制发电机。

从 A、B、C 连接到负载的三根导线称为相线。对于Y连接的三相发电机，从图 20.6 中可以明显看出，流过每相负载的电流称为相电流 I_L，流过每根相线的电流称为线电流 $I_{\phi g}$ 也就是说：

$$I_L=I_{\phi g}$$

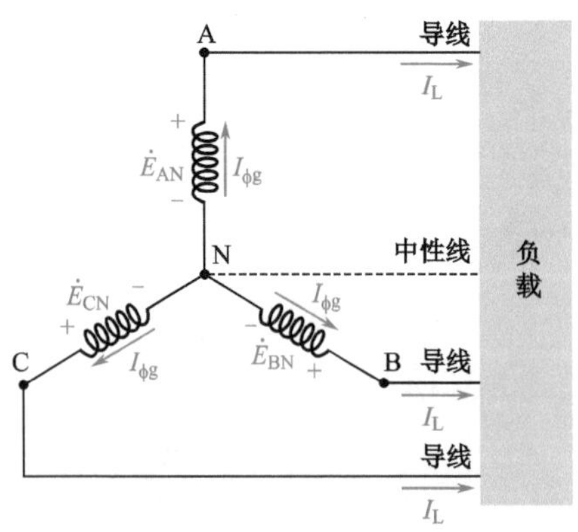

图 20.6 Y 连接的三相发电机

相线与相线之间的电压称为线电压，相线与中性线之间的电压称为相电压。如图 20.7 所示，线电压是沿逆时针方向绘制的。

在图 20.7 中指定回路周围应用基尔霍夫电压定律，得到：

$$\dot{E}_{AB}-\dot{E}_{AN}+\dot{E}_{BN}=0$$

或

$$\dot{E}_{AB}=\dot{E}_{AN}-\dot{E}_{BN}=\dot{E}_{AN}+\dot{E}_{NB}$$

重新绘制相量图以找到 $\dot{E}_{AB}$，如图 20.8 所示。

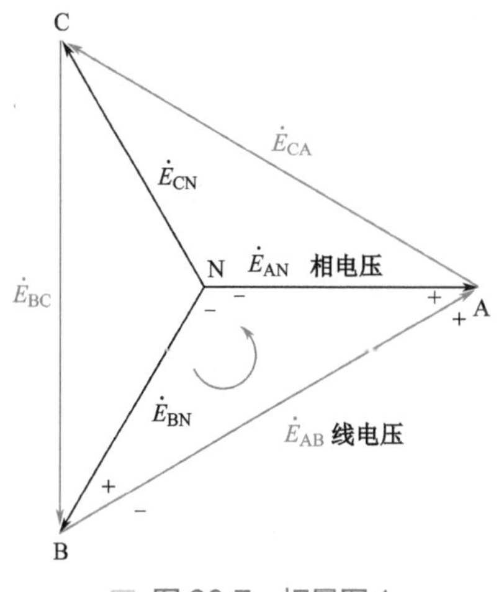

图 20.7　相量图 1

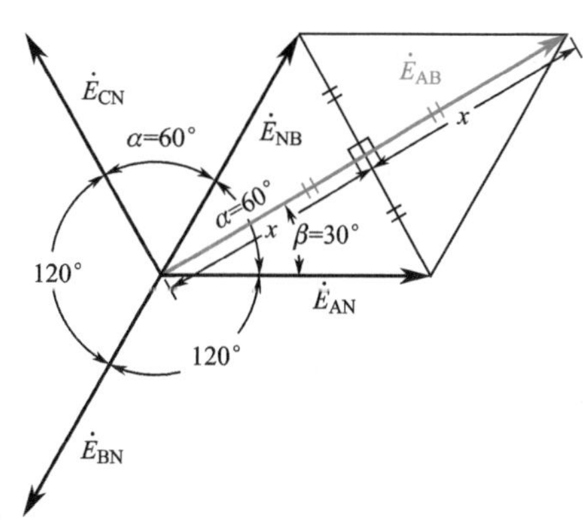

图 20.8　相量图 2

每相电压在反向时（E_{NB}）将其他两相一分为二，$\alpha = 60°$，$\beta = 30°$，从菱形的两端绘制的线将原点角和对角分成两半。

$$x = E_{AN}\cos 30° = \frac{\sqrt{3}}{2}E_{AN}$$

$$E_{AB} = 2x = 2\times\frac{\sqrt{3}}{2}E_{AN} = \sqrt{3}E_{AN}$$

从图 20.8 中注意到，E_{AB} 的角度 β=30°，得到的结果是

$$\dot{E}_{AB} = E_{AB}\angle 30° = \sqrt{3}E_{AN}\angle 30°$$

$$\dot{E}_{CA} = \sqrt{3}E_{CN}\angle 150°$$

$$\dot{E}_{BC} = \sqrt{3}E_{BN}\angle 270°$$

换句话说，Y连接发电机的线电压是相电压的 $\sqrt{3}$ 倍。

$$E_{L} = \sqrt{3}E_{\phi}$$

任何线电压与最近的相电压之间的相位角为 30°。

用正弦波表示：

$$e_{AB} = \sqrt{2}E_{AB}\sin(\omega t + 30°)$$

$$e_{CA} = \sqrt{2}E_{CA}\sin(\omega t + 150°)$$

$$e_{BC} = \sqrt{2}E_{BC}\sin(\omega t + 270°)$$

线电压和相电压的相位图如图 20.9 所示。如果将图 20.9 中代表线电压的相量重新排列，它们将形成一个闭环（图 20.10）。由此可以得出结论：线电压之和为零，也就是说：

$$\dot{E}_{AB} + \dot{E}_{CA} + \dot{E}_{BC} = 0$$

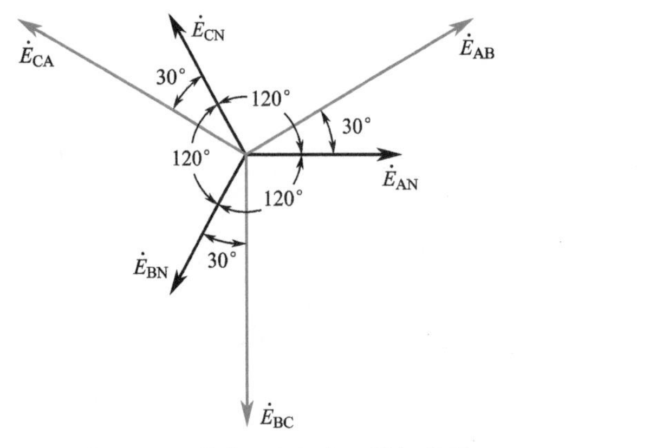

图 20.9 线电压和相电压的相位图

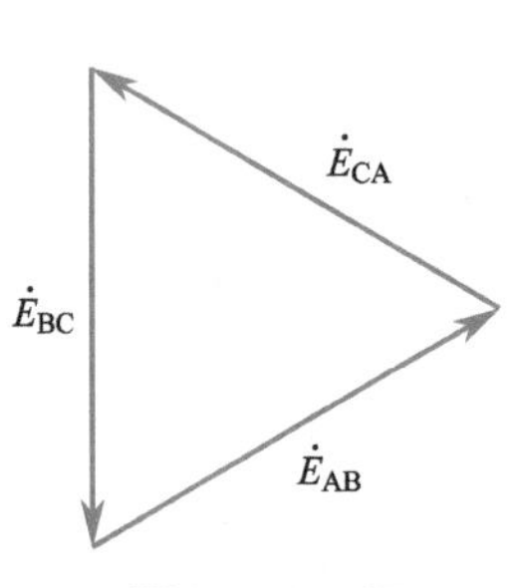

图 20.10 闭环

重新排列图 20.11（a）中的发电机线圈，将按照图 20.11（b）排列的系统称为三相三线△（三角形）连接的交流发电机。在该系统中，相电压和线电压相等且等于发电机每个线圈上的感应电压。

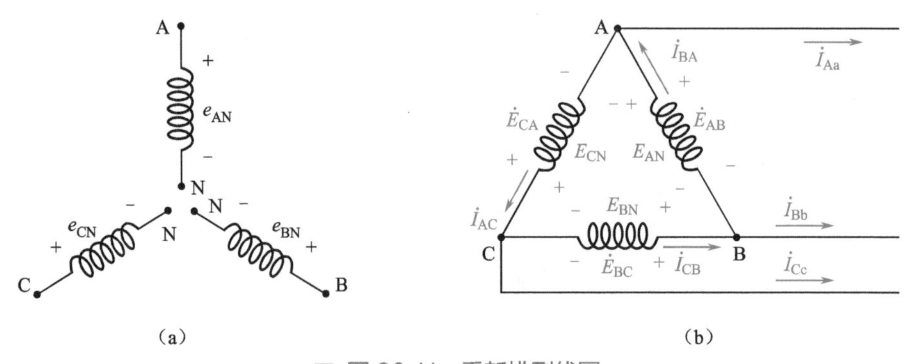

图 20.11 重新排列线圈

$$E_{AB}=E_{AN},\quad e_{AN}=\sqrt{2}E_{AN}\sin\omega t$$
$$E_{BC}=E_{BN},\quad e_{BN}=\sqrt{2}E_{BN}\sin(\omega t-120°)$$
$$E_{CA}=E_{CN},\quad e_{CN}=\sqrt{2}E_{CN}\sin(\omega t+120°)$$

$$I_L=I_{\phi g}$$

与Y连接发电机不同，△连接发电机的线电流不等于相电流。通过在其中一个节点上应用基尔霍夫电流定律并根据相电流求解线电流，可以找到两者之间的关系，在节点 A 有：

$$\dot{I}_{BA}=\dot{I}_{Aa}+\dot{I}_{AC}$$
$$\dot{I}_{Aa}=\dot{I}_{BA}-\dot{I}_{AC}=\dot{I}_{BA}+\dot{I}_{CA}$$

平衡负载的相量图如图 20.12 所示。

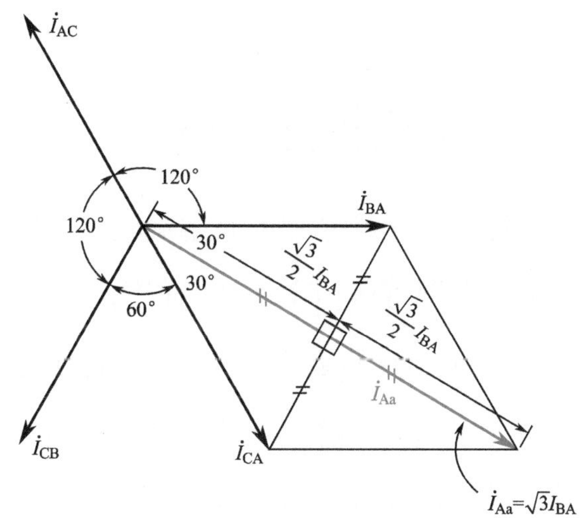

图 20.12　平衡负载的相量图

使用相同的方法求出线电流，得出以下结果。

$$\dot{I}_{Aa}=\sqrt{3}I_{BA}\angle-30°$$
$$\dot{I}_{Bb}=\sqrt{3}I_{CB}\angle-150°$$
$$\dot{I}_{Cc}=\sqrt{3}I_{AC}\angle 90°$$
$$I_{L}=\sqrt{3}I_{\phi g}$$

线电流与最近的相电流之间的相位角为 30°。电流的相量图如图 20.13 所示。

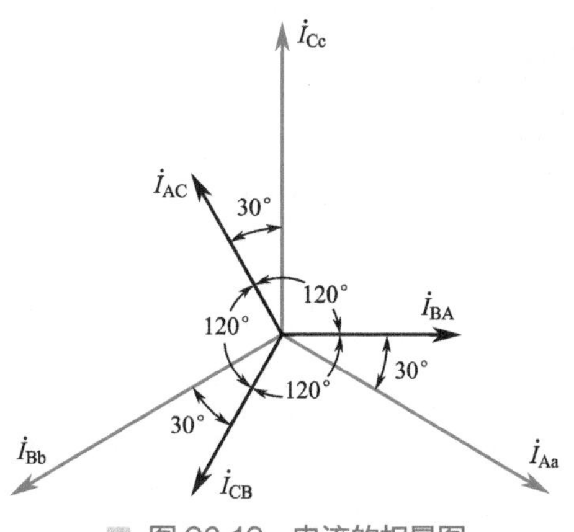

图 20.13　电流的相量图

具有平衡负载的△连接发电机的线电流或相电流的相量和为零。

反侵权盗版声明